21世纪高等职业教育计算机技术规划教材

# 新大学计算机基础上机指导

## （Windows 7+Office 2010）

Xindaxue Jisuanji Jichu Shangji Zhidao
(Windows 7+Office 2010)

程序 王靖 主编
胡晓雷 龚波 刘丽萍 副主编

U0313753

人民邮电出版社

北京

图书在版编目（CIP）数据

新大学计算机基础上机指导：Windows 7+Office
2010 / 程序，王靖主编. -- 北京：人民邮电出版社，
2015.9
　21世纪高等职业教育计算机技术规划教材
　ISBN 978-7-115-39913-7

　Ⅰ. ①新… Ⅱ. ①程… ②王… Ⅲ. ①Windows操作系
统－高等职业教育－教学参考资料②办公自动化－应用软
件－高等职业教育－教学参考资料 Ⅳ. ①TP316.7
②TP317.1

　中国版本图书馆CIP数据核字(2015)第177321号

## 内 容 提 要

作者根据主教材的内容精心编写了本书，以帮助高校学生学习与上机操作，真正做到理论与实践相结合。

本书主要包括 Windows 7 操作系统、Word 2010 文字处理、Excel 2010 电子表格、PowerPoint 2010 演示文稿、网络基础与 Internet 应用、常用工具软件等内容。

本书适合作为高职高专院校"计算机应用（文化）基础"课程的教材，也可作为普通高等院校相关课程教材使用，还可作为计算机等级考试的辅导教材。

♦　主　　编　程　序　王　靖
　　副 主 编　胡晓雷　龚　波　刘丽萍
　　责任编辑　李育民
　　责任印制　张佳莹　杨林杰
♦　人民邮电出版社出版发行　　北京市丰台区成寿寺路 11 号
　　邮编　100164　电子邮件　315@ptpress.com.cn
　　网址　http://www.ptpress.com.cn
　　三河市海波印务有限公司印刷
♦　开本：787×1092　1/16
　　印张：11.5　　　　　　　　　2015 年 9 月第 1 版
　　字数：292 千字　　　　　　　2015 年 9 月河北第 1 次印刷

定价：28.00 元
读者服务热线：(010)81055256　印装质量热线：(010)81055316
反盗版热线：(010)81055315
广告经营许可证：京崇工商广字第 0021 号

# 前 言 PREFACE

计算机技术的飞速发展，特别是计算机网络的渗透应用，将人类社会文明推进到了一个新的高度。计算机作为信息处理的工具，正极大地改变和影响着我们的生活，掌握计算机的基础知识和操作技能，使用计算机来获取和处理信息，是每一个现代人所必需具备的基本素质。

为了帮助读者更好地掌握计算机的基础理论知识，从而快速掌握计算机的使用技能，基于学以致用的理念，结合计算机教学实际情况和计算机目前发展与应用实际，我们编写了主教材，并根据主教材的内容精心编写了《大学计算机基础上机指导——Windows 7+Office 2010》，以帮助高校学生学习与上机操作，真正做到理论与实践相结合。

在本书的编写过程中，我们十分注重内容的实践性，均以当前主流的技术、软件来规划实验案例。每个实验案例通过"实验目的"与"实验内容"两部分展开，既有目的性，又有可操作性。

本书很多内容完全是从计算机办公应用的实际出发，从实际办公应用经验的角度编写的，因此学完本书的学生将具备解决计算机办公中实际问题的应用能力。内容包括：Windows 7 操作系统、Word 2010 文字处理、Excel 2010 电子表格、PowerPoint 2010 演示文稿、网络基础与 Internet 应用、常用工具软件等内容。

本书由程序、王靖任主编，胡晓雷、龚波、刘丽萍任副主编，参编人员有王画、黄家琴、王越、左菊仙。本书在编写过程中得到贵州交通职业技术学院各级领导的帮助和支持，并对本书提出了不少有益的建议，在此表示衷心感谢。

本书虽然经多次讨论并反复修改，但由于时间仓促，书中难免有不妥甚至错误之处，欢迎广大读者提出宝贵意见。

编 者
2015 年 7 月

# 目 录 CONTENTS

# Chapter 1

# 第1章
# Windows 7 操作系统

## 实验一　Windows 7 的启动和退出

### 一、实验目的

掌握 Windows 7 操作系统的启动和退出操作。

### 二、实验内容

#### 1. Windows 7 的启动

（1）冷启动

冷启动也叫加电启动，是指计算机系统从休息状态（电源关闭）进入工作状态时进行的启动。具体操作如下。

① 依次打开计算机外部设备电源，包括显示器电源（若显示器电源与主机电源连在一起时，此步可省略）和主机电源。

② 计算机执行硬件测试，稍后屏幕出现 Windows 7 登录界面，登录进入 Windows 7 系统，即可对计算机进行操作。

（2）热启动

热启动是指在开机状态下重新启动计算机，常用于软件故障或操作不当，导致"死机"后重新启动计算机。具体操作如下。

在桌面上单击"开始"（ ）菜单→"关机"→"重新启动"命令（见图 1-1），即可重新启动计算机。

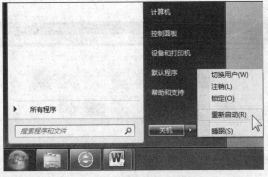

图 1-1　重新启动计算机

（3）用 RESET 复位热启动

① 当采用热启动不起作用时，可采用复位开关 RESET 键进行启动，即按下此键后立即

放开即完成了复位热启动。

② 若复位热启动不能生效时，需关掉主机电源，等待几分钟后重新进行冷启动。

**2. Windows 7 的退出**

在桌面上单击"开始"（）菜单→"关机"按钮（参见图 1-1），即可运行关机程序。

# 实验二　Windows 7 个性化操作

## 一、实验目的

了解一些 Windows 7 特殊的设置效果，如设置桌面背景、窗口颜色等，对于重点内容需要掌握。

## 二、实验内容

### 1．将窗口颜色设置成深红色

① 在桌面空白处单击鼠标右键，在弹出的快捷菜单中单击"个性化"命令，如图 1-2 所示。

② 打开"个性化"窗口，单击窗口下方的"窗口颜色"按钮，如图 1-3 所示。

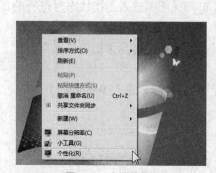

图 1-2　右键菜单

图 1-3　"个性化"窗口

③ 打开"窗口颜色和外观"窗口，选中"深红色"选项，即可预览窗口颜色效果，如图 1-4 所示。

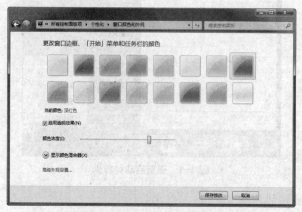

图 1-4　"窗口颜色和外观"窗口

④ 单击"保存修改"按钮，再关闭"个性化"窗口即可。

### 2. 以"大图标"的方式查看桌面图标

① 在桌面空白处单击鼠标右键，在弹出的快捷菜单中将鼠标指针指向"查看"命令，在展开的子菜单中单击"大图标"命令，如图1-5所示。

② 执行命令后，桌面上的图标即可以大图标的方式显示，方便用户查看，如图1-6所示。

图1-5　右键菜单及"查看"子菜单

图1-6　大图标查看方式

### 3. 让 Windows 定时自动更换背景

① 在桌面空白处单击鼠标右键，在弹出的快捷菜单中单击"个性化"命令。

② 打开"个性化"窗口，在窗口下方单击"桌面背景"按钮，打开"桌面背景"窗口，然后单击"浏览"按钮，如图1-7所示。

③ 打开"浏览文件夹"对话框，选择图片文件夹（将所有希望作为桌面背景自动更换的图片保存在独立的文件夹中），如图1-8所示。

④ 单击"确定"按钮，返回"桌面背景"窗口，可以查看图片，再单击"保存修改"按钮即可。

### 4. 删除桌面上的"回收站"图标

① 在桌面空白处单击鼠标右键，在弹出的快捷菜单中单击"个性化"命令。

② 打开"个性化"窗口，单击窗口左侧的"更改桌面图标"链接，如图1-9所示。

③ 打开"桌面图标设置"对话框，在"桌面图标"栏下取消选中"回收站"复选框，如图1-10所示。

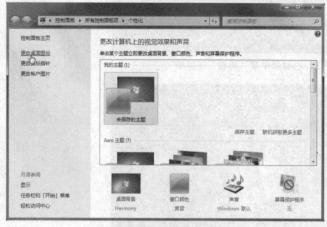

图1-7 "桌面背景"窗口

图1-8 "浏览文件夹"对话框

图1-9 "个性化"窗口

图1-10 "桌面图标设置"对话框

④ 单击"确定"按钮，再退出"个性化"窗口，可看见桌面上的"回收站"图标已经删除。

**5. 在桌面上添加时钟小工具**

① 在桌面空白处单击鼠标右键，在弹出的快捷菜单中单击"小工具"命令。

② 打开工具窗口，可以看到许多小工具（见图 1-11），双击需要的"时钟"工具，或者拖动此工具到桌面上，即可将"时钟"工具添加到桌面上，效果如图1-12 所示。

图 1-11 小工具窗口

图 1-12 "时钟"工具添加到桌面上

# 实验三　任务栏操作

## 一、实验目的

任务栏在 Windows 7 中有很大的作用，而且有很多个性化的设置，掌握任务栏的设置方法可方便用户操作。

## 二、实验内容

### 1. 将程序锁定至任务栏

① 如果程序未启动，在其快捷方式图标上单击鼠标右键，选择"锁定到任务栏"命令（见图 1-13），即可将程序锁定到任务栏中。

② 如果程序已经启动，在任务栏上对应的图标上单击鼠标右键，选择"将此程序锁定到任务栏"命令，如图 1-14 所示。

图 1-13　通过"开始"菜单锁定

图 1-14　通过打开程序锁定

### 2. 将任务栏按钮设置成"从不合并"

① 在"任务栏"空白处单击鼠标右键，选择"属性"命令（见图 1-15），打开"任务栏和「开始」菜单属性"对话框。

② 在"任务栏"的"任务栏外观"栏下，单击"任务栏按钮"下拉按钮，在展开的下拉菜单中选择"从不合并"选项，如图 1-16 所示。

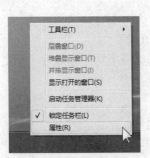

图 1-15　右键菜单

图 1-16　"任务栏和「开始」菜单属性"对话框

③ 单击"确定"按钮，即可看到任务栏设置前和设置后的差别，如图 1-17 所示。

图 1-17　设置前和设置后的任务栏

# 实验四　文件和文件夹操作

## 一、实验目的

文件和文件夹操作是学习的重点，平时在使用计算机时经常需要操作文件和文件夹，所以学会各种操作方法是非常重要的。

## 二、实验内容

### 1．打开文件预览文件内容

① 单击选中需要预览的文件，如图片文件、Word 文档、PPT 等。

② 单击 ▥ 按钮，在窗口右侧的窗格中就会显示出该文件的内容，如图 1-18 所示。

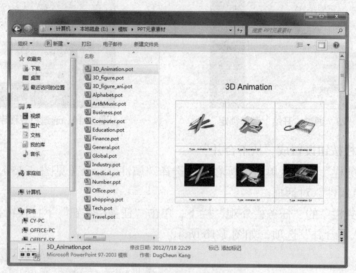

图 1-18　预览文件内容

### 2．选择多个连续文件或文件夹

① 单击要选择的第一个文件或文件夹，然后按住 Shift 键。

② 再单击要选择的最后一个文件或文件夹，则将所选第一个文件和最后一个文件为对角线的矩形区域内的文件或文件夹全部选定，如图 1-19 所示。

### 3．选择不连接文件或文件夹

① 单击要选择的第一个文件或文件夹，然后按住 Ctrl 键。

② 依次单击其他要选定的文件或文件夹，即可将这些不连续的文件或文件夹选中，如图 1-20 所示。

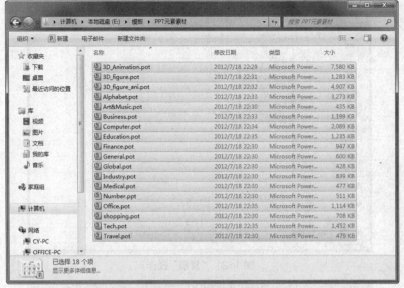

图 1-19　选中连续文件

图 1-20　选中不连续文件

### 4．复制文件或文件夹

① 选定要复制的文件或文件夹。

② 单击"组织"按钮，在弹出的下拉菜单中选择"复制"命令，如图 1-21 所示。

③ 打开目标文件夹（复制后文件所在的文件夹），单击"组织"按钮，在弹出的下拉菜单中选择"粘贴"命令，如图 1-22 所示。

### 5．移动文件或文件夹

① 选定要移动的文件或文件夹。

② 单击"组织"按钮，在弹出的 下拉菜单中选择"剪切"命令（见图 1-23），或者右键单击需要复制的文件或文件夹，在弹出的快捷菜单中单击"剪切"命令，也可以按 Ctrl+X 组合键进行剪切。

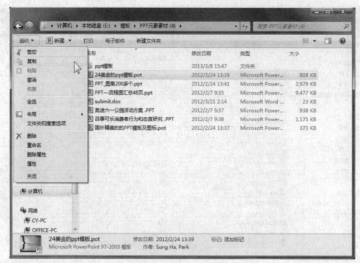

图 1-21 "复制"操作

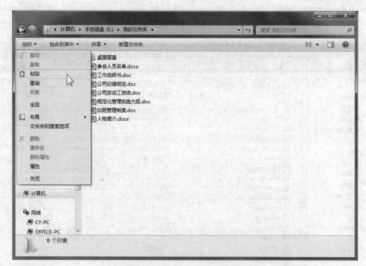

图 1-22 "粘贴"操作

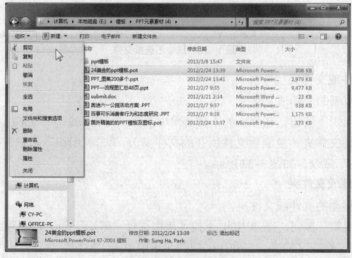

图 1-23 "剪切"操作

③ 打开目标文件夹（即移动后文件所在的文件夹），单击"组织"按钮，在弹出的下拉菜单中选择"粘贴"命令，或者右键单击需要复制的文件或文件夹，在弹出的快捷菜单中单击"粘贴"命令，也可以按 Ctrl+V 组合键进行粘贴。

### 6．美化文件夹图标

① 右击需要更改图标的文件夹，如"我的资料"文件夹，在弹出的快捷菜单中单击"属性"命令（见图 1-24），打开其"属性"对话框。

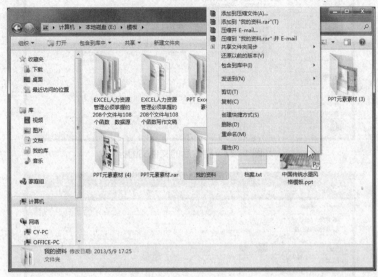

图 1-24　右键菜单

② 选择"自定义"选项卡，然后单击"更改图标"按钮（见图 1-25），打开"为文件夹 我的资料 更改图标"对话框，在列表框中选择一种图标，如图 1-26 所示。

图 1-25　属性对话框

图 1-26　选择文件夹图标

③ 依次单击"确定"按钮，即可设置成功，设置后的效果如图 1-27 所示。

### 7．创建"库"

① 打开"计算机"窗口，在左侧的导航区可以看到一个名为"库"的图标。

② 右键单击该图标，在弹出的快捷菜单中选择"新建"→"库"命令，如图 1-28 所示。

③ 系统会自动创建一个库，然后就像给文件夹命名一样为这个库命名，如命名为"我的

库",如图 1-29 所示。

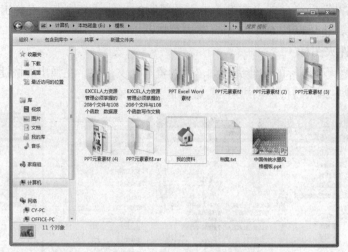

图 1-27  更改后的文件夹图标

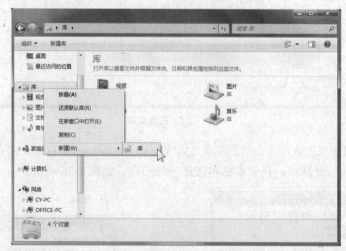

图 1-28  "新建库"操作

图 1-29  新建的库名称

**8．利用"库"来管理文档、图片、视频等常用文件**

① 这里以"图片"库为例，查看 Windows 7 系统自带的图片。

② 单击窗口右侧"排列方式"旁边的下拉按钮，可以将文件按照"月""天""分级"或者"标记"等多种方式进行排序，这里单击"分级"选项，如图 1-30 所示。

图 1-30 选择排列方式

③ 更改排列方式的效果如图 1-31 所示。

图 1-31 分级排列的效果

# 实验五 鼠标和键盘操作

## 一、实验目的

鼠标和键盘是操作计算机的重要媒介，没有它们将无法使用计算机。设置好鼠标和键盘的性能可更方便地操作计算机。

## 二、实验内容

### 1. 更改鼠标指针

① 在桌面空白处单击鼠标右键,在弹出的快捷菜单中选择"个性化"命令,在打开的"个性化"窗口中,单击窗口左侧的"更改鼠标指针"超链接。

② 打开"鼠标属性"对话框,在"指针"选项卡中设置不同状态下对应的鼠标图案,如选择"正常选择"选项,单击"浏览"按钮,如图 1-32 所示。

③ 打开"浏览"对话框,选择需要的图标,如图 1-33 所示。

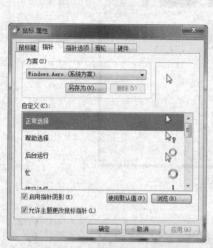

图 1-32 "鼠标属性"对话框

图 1-33 "浏览"对话框

④ 单击"打开"按钮,返回到"鼠标属性"对话框,单击"确定"按钮,即可更改鼠标指针的形状。

### 2. 设置滑轮滚动的行数

① 在桌面空白处单击鼠标右键,在弹出的快捷菜单中选择"个性化"命令,在打开的"个性化"窗口中,单击窗口左侧的"更改鼠标指针"超链接。

② 打开"鼠标属性"对话框,单击"滑轮"选项卡,可以设置滑轮滚动的行数,如将"垂直滑轮"设置为一次滚动 6 行,如图 1-34 所示。

### 3. 设置键盘

① 单击"开始"→"控制面板"命令,打开"控制面板"窗口(见图 1-35)。在"小图标"查看方式下,单击"键盘"选项,打开"键盘 属性"对话框。

图 1-34 "滑轮"选项卡

② 在"速度"选项卡中,可以设置"字符重复"和"光标闪烁速度",拖动滑块即可调节,如图 1-36 所示。

图 1-35 "控制面板"窗口

图 1-36 "键盘 属性"对话框

③ 设置完成后,单击"确定"按钮。

# 实验六 控制面板操作

## 一、实验目的

控制面板是设置计算机的一个重要窗口,大多数的系统设置都是通过控制面板设置的,因此熟悉控制面板和掌握其各种功能的操作方法是十分必要的。

## 二、实验内容

### 1.启用家长控制功能

在 Windows 7 中,提供了家长控制功能,可以让家长设定限制,控制孩子对某些网站的访问权限、可以登录到计算机的时长、可以玩的游戏以及可以运行的程序。

① 打开"控制面板",在"小图标"查看方式下,单击"家长控制"链接,打开"家长控制"窗口。

② 选择被家长控制的账户(管理员账户不能选择),单击要控制的标准用户账户,如图 1-37 所示。

③ 在打开的"用户控制"窗口中,可以设置各种家长控制项。在"家长控制"栏下选中"启用,应用当前设置"单选钮,如图 1-38 所示。

图 1-37 "家长控制"窗口

④ 单击"确定"按钮,即可启用家长控制功能。

### 2.切换家庭网络和其他网络

① 打开"控制面板"窗口,在"类别"查看方式下,单击"网络和 Internet"下的"查看网络状态和任务"链接,如图 1-39 所示。

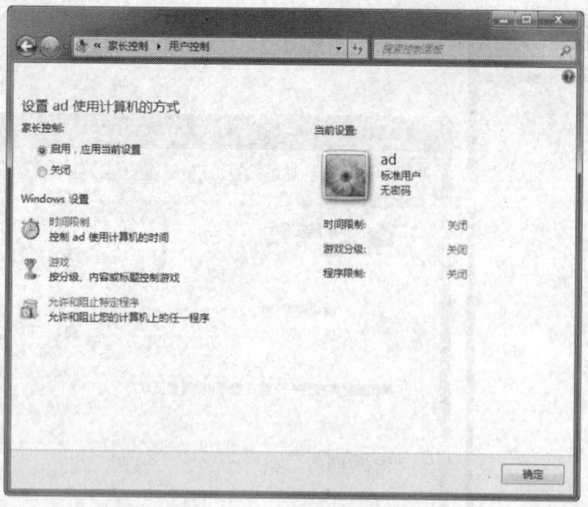

图1-38 "用户控制"窗口

图1-39 "控制面板"窗口

② 打开"网络和共享中心"窗口，在"查看活动网络"栏下，可以看到现在使用的是"家庭网络"，单击此选项，如图1-40所示。

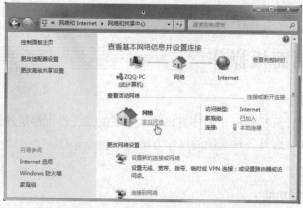

图1-40 "网络和共享中心"窗口

③ 打开"设置网络位置"窗口，窗口中列出了家庭网络、工作网络和公用网络3种网络设置，根据自己需求选择。这里选择"工作网络"选项，如图1-41所示。

④ 单击"工作网络"选项后，即可弹出如图1-42所示的界面，直接单击"关闭"按钮即可。

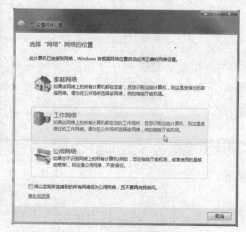

图1-41 选择网络类型

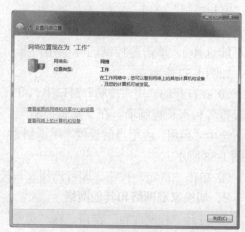

图1-42 确认窗口

### 3. 找回家庭组密码

如果创建了家庭组，创建后忘记了家庭组密码，可以通过控制面板找回。

① 打开"控制面板"窗口，在"小图标"的查看方式下，单击"家庭组"选项。在打开的窗口中，单击"查看或打印家庭组密码"链接，如图 1-43 所示。

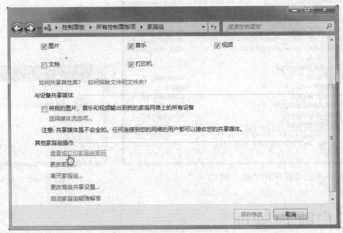

图 1-43 "家庭组"窗口

② 在打开的窗口中即可查看到家庭组的密码，如图 1-44 所示。

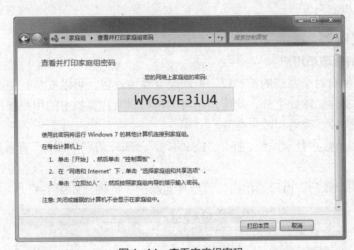

图 1-44 查看家庭组密码

### 4. 删除程序

① 单击"开始"→"控制面板"命令，在"小图标"的"查看方式"下，单击"程序和功能"选项。

② 打开"卸载或更改程序"窗口，在列表中选中需要卸载的程序，单击"卸载"按钮，如图 1-45 所示。

③ 打开确认卸载对话框，如果确定要卸载，单击"是"按钮，即可进行程序卸载，如图 1-46 所示。

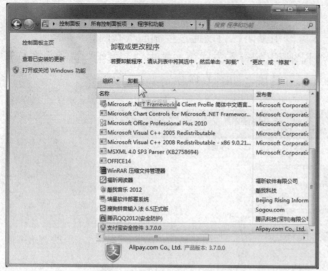

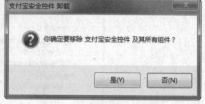

图1-45 "程序和功能"窗口　　　　　　　图1-46　确认对话框

# 实验七　用户账户管理

## 一、实验目的

用户账户是用户管理计算机的重要方式，可以创建不同性质的账户，也可为计算机创建密码，保护计算机安全等。

## 二、实验内容

### 1．创建新的管理员用户

管理员账户拥有对全系统的控制权，可以改变系统设置，可以安装、删除程序，能访问计算机上所有的文件。除此之外，此账户还可创建和删除计算机上的用户账户，可以更改其他人的账户名、图片、密码和账户类型。

① 使用管理员账户登录系统，打开"控制面板"窗口，在"小图标"查看方式下单击"用户账户"选项。

② 打开"用户账户"窗口，单击"管理其他账户"链接，如图1-47所示。

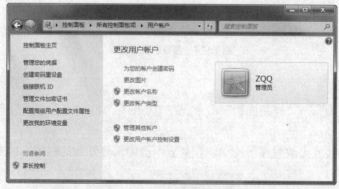

图1-47 "用户账户"窗口

③ 在"管理账户"窗口中，单击下方的"创建一个新账户"链接，如图1-48所示。

图 1-48 "管理账户"窗口

④ 在"创建新账户"窗口上方的文本框中输入一个合适的用户名,然后选中"管理员"单选钮,如图 1-49 所示。

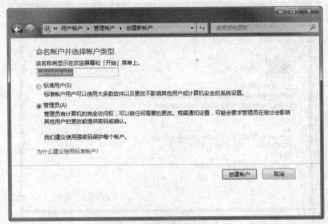

图 1-49 "创建新账户"窗口

⑤ 单击 创建帐户 按钮,即可创建一个新的管理员账户。

**2.为账户设置登录密码**

① 在"控制面板"中,单击"用户账户"选项,打开"更改用户账户"窗口。

② 单击"管理其他账户"链接,在打开的"选择希望更改的账户"窗口中单击需要设置密码的账户(以 ad 用户为例),如图 1-50 所示。

图 1-50 "管理账户"窗口

③ 打开"更改 ad 的账户"窗口，单击左侧的"创建密码"链接，如图 1-51 所示。

图 1-51　"更改 ad 的账户"窗口

④ 在"创建密码"窗口中，输入新密码、确认密码和密码提示，如图 1-52 所示，单击 创建密码 按钮即可。

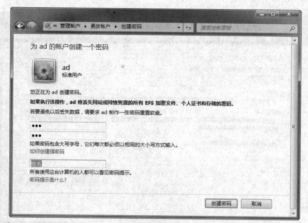

图 1-52　"创建密码"窗口

### 3．更改账户的头像

① 在"控制面板"中单击"用户账户"选项，打开"用户账户"窗口，单击"更改图片"链接，如图 1-53 所示。

图 1-53　"用户账户"窗口

② 在"更改图片"窗口中，选择一个合适的图片，再单击"更改图片"按钮，即可更改成功，如图 1-54 所示。

图 1-54 "更改图片"窗口

## 实验八　磁盘管理

### 一、实验目的

磁盘是用户存放文件和文件夹的重要位置，管理好磁盘可以为用户存放、查找和编辑磁盘中的文件和文件夹带来很大的方便。

### 二、实验内容

#### 1．磁盘清理

① 单击"开始"→"所有程序"→"附件"→"系统工具"→"磁盘清理"命令，打开"磁盘清理：驱动器选择"对话框，选择需要清理的磁盘，如 D 盘，如图 1-55 所示。

② 单击"确定"按钮，开始清理磁盘。清理磁盘结束后，弹出"（D：）的磁盘清理"对话框，选中需要清理的内容，如图 1-56 所示。

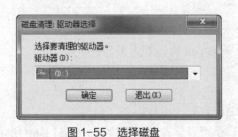

图 1-55　选择磁盘

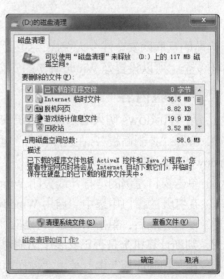

图 1-56　"（D：）的磁盘清理"对话框

③ 单击"确定"按钮即可开始清理。

**2．磁盘碎片整理**

① 单击"开始"→"所有程序"→"附件"→"系统工具"→"磁盘碎片整理程序"命令，打开"磁盘碎片整理程序"对话框，如图 1-57 所示。

图 1-57 "磁盘碎片整理程序"对话框

② 在列表框中选中一个磁盘分区，单击 [分析磁盘(A)] 按钮，即可分析出碎片文件占磁盘容量的百分比。

③ 根据得到的这个百分比，确定是否需要进行磁盘碎片整理，在需要整理时单击 [磁盘碎片整理(D)] 按钮即可。

# 实验九　Windows 7 的安全维护

## 一、实验目的

当前的互联网安全性令人忧虑，如果网络安全性没有设置好，对计算机和计算机内的文件都不安全，所以设置好 Windows 7 的安全维护非常重要。

## 二、实验内容

**1．用 Windows 防火墙来保护系统安全**

① 打开"控制面板"，在"小图标"查看方式下，单击"Windows 防火墙"选项，打开"Windows 防火墙"窗口。

② 单击窗口左侧的"打开或关闭 Windows 防火墙"选项，如图 1-58 所示。

③ 在打开的窗口中选中"启用 Windows 防火墙"单选钮，如图 1-59 所示。

④ 设置完成后，单击"确定"按钮。

**2．判断计算机上是否已安装了防病毒软件**

① 在"控制面板"中，单击"操作中心"选项，打开"操作中心"窗口。

② 在打开的窗口中，在"安全"栏下可以看到是否安装有防病毒软件。如图 1-60 所示，系统中没有安装防病毒软件，则可以进行下载安装。

图 1-58 "Windows 防火墙"窗口

图 1-59 "防火墙设置"窗口

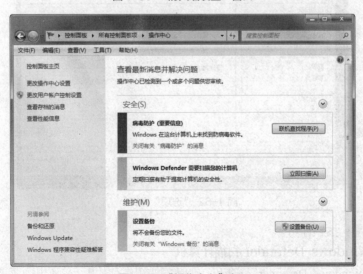

图 1-60 "操作中心"窗口

### 3. 打开 Windows Defender 实时保护

① 打开"控制面板"窗口，在"小图标"查看方式下单击"Windows Defender"选项。

② 打开"Windows Defender"窗口，单击 工具 按钮，在打开的"工具和设置"窗口中单击"选项"链接，如图 1-61 所示。

图 1-61 "工具和设置"窗口

③ 在"选项"窗口中，首先单击选中左侧的"实时保护"选项，然后在右侧窗格中选中"使用实时保护"和其下的子项，如图 1-62 所示。

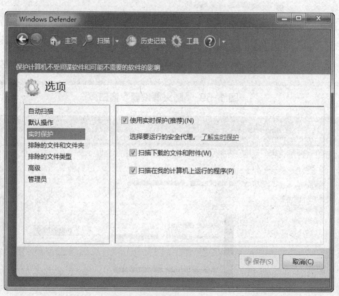

图 1-62 "选项"窗口

④ 单击 保存(S) 按钮即可。

### 4. 使用 Windows Defender 扫描计算机

① 打开"Windows Defender"窗口，单击 扫描 按钮右侧的 ，在弹出的菜单中选择一种扫

描方式，如果是第一次扫描，建议选择"完全扫描"，如图1-63所示。

图1-63　选择扫描方式

② 选择后即可开始扫描，可能需要较长的时间，如图1-64所示。

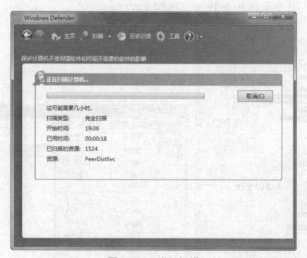

图1-64　进行扫描

# 实验十　Windows 7 附件应用

## 一、实验目的

Windows 7中为用户提供了更多的附件，如记事本、截图工具、计算器等，这些附件工具比较容易操作，实用性很强。

## 二、实验内容

### 1. 记事本的操作

① 单击"开始"→"所有程序"→"附件"→"记事本"命令，打开"记事本"窗口。

② 在"记事本"窗口中输入内容并选中，然后单击"格式"→"字体"命令，如图1-65所示。

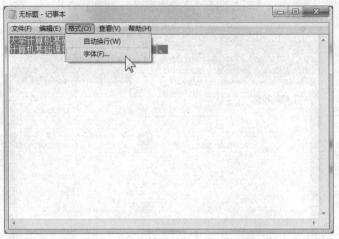

图1-65 "格式"下拉菜单

③ 打开"字体"对话框，在对话框中可以设置"字体""字形"和"大小"（见图1-66），单击"确定"按钮即可设置成功。

④ 单击"编辑"按钮，展开下拉菜单，可以对选中的文本进行复制、删除等操作，或者选择"查找"命令，对文本进行查找等，如图1-67所示。

图1-66 "字体"对话框

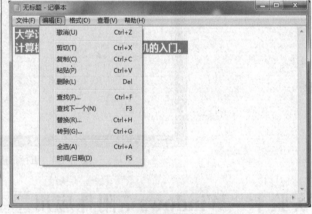

图1-67 "编辑"下拉菜单

⑤ 编辑完成后，单击"文件"→"保存"命令，将记事本保存在适当的位置。

**2．计算器的使用**

① 单击"开始"→"所有程序"→"附件"→"计算器"命令，打开"计算器"程序。

② 在计算器中，单击相应的按钮，即可输入计算的数字和方式。图1-68所示为输入的"85*63"算式，单击"＝"按钮，即可计算出结果。

③ 单击"查看"→"科学型"命令（见图1-69），即可打开科学型计算器程序，可进行更为复杂的运算。

图 1-68　计算数值

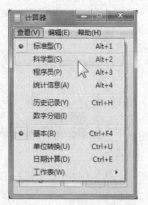

图 1-69　"查看"下拉菜单

例如，计算"tan30"的数值，先输入"30"，然后单击 tan 按钮，即可计算出相应的数值，如图 1-70 所示。

图 1-70　"科学型"计算器

### 3. Tablet PC 输入面板

① 首先打开需要输入内容的程序，如 Word 程序，将光标定位到需要插入内容的地方。

② 单击"开始"→"所有程序"→"附件"→"Tablet PC"→"Tablet PC 输入面板"命令，打开输入面板。

③ 打开输入面板后，当鼠标放在面板上后，可以看到鼠标变成一个小黑点，拖动鼠标即可在面板中输入内容，输入完后自动生成，如图 1-71 所示。

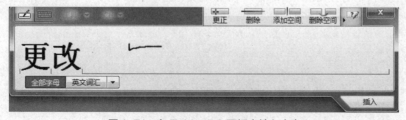

图 1-71　在 Tablet PC 面板中输入内容

④ 输入完成后，单击"插入"按钮，即可将书写的内容插入到光标所在的位置，如图 1-72

所示。

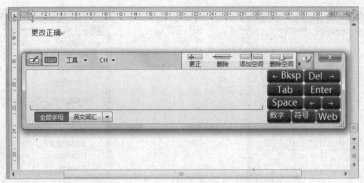

图1-72　将内容插入到文档中

⑤ 如果在面板中书写错误，单击输入面板中的"删除"按钮，然后拖动鼠标在错字上画一条横线即可将其删除。

⑥ 如要关闭 Tablet PC 面板，直接单击"关闭"按钮是无效的，正确的方法是：单击"工具"选项，在展开的下拉菜单中选择"退出"命令，如图 1-73 所示。

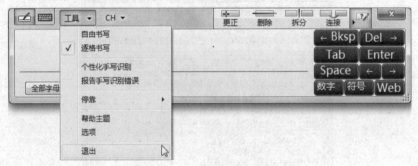

图1-73　"退出"输入面板

# Chapter 2 第 2 章
# Word 2010 文字处理

## 实验一　Word 2010 文档的创建、保存和退出

### 一、实验目的

要学会创建一个新文档，并且知道如何对文档进行保存和退出。

### 二、实验内容

#### 1. Word 文档的新建

（1）启用 Word 2010 程序新建文档

在桌面上单击左下角的"开始"→"所有程序"→"Microsoft Office"→"Microsoft Office Word 2010"选项，如图 2-1 所示，可启动 Microsoft Office Word 2010 主程序，打开 Word 文档。

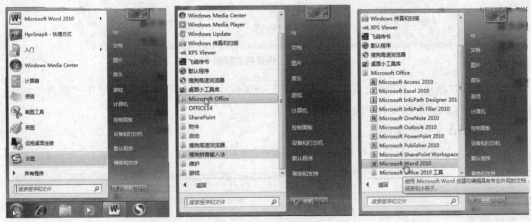

图 2-1　新建空白文档

（2）新建空白文档

运行 Word 2010 程序，进入主界面中。

单击"文件"→"新建"→"空白文档"选项，单击"创建"按钮即可创建一个新的空白文档，如图 2-2 所示。

（3）使用保存的模板新建

① 单击"文件"→"新建"命令，在"可用模板"区域单击"我的模板"按钮，如图 2-3 所示。

图 2-2　创建空白文档

图 2-3　选择我的模板

② 打开"新建"对话框，在"个人模板"列表框中选择保存的模板，单击"新建"按钮，即可根据现有模板新建文档，如图 2-4 所示。

### 2．Word 文档的保存

① 单击"文件"→"另存为"命令，如图 2-5 所示。

图 2-4　选择需要的模板

图 2-5　选择"另存为"按钮

② 打开"另存为"对话框，为文档设置保存路径和保存类型，单击"保存"按钮即可，如图 2-6 所示。

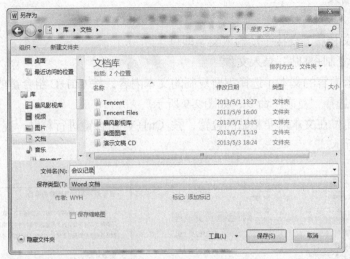

图 2-6　设置保存路径

### 3．Word 文档的退出

（1）单击"关闭"按钮

打开 Microsoft Office Word 2010 程序后，单击程序右上角的"关闭"按钮 ✕，可快速退出主程序，如图 2-7 所示。

（2）从菜单栏关闭

打开 Microsoft Office Word 2010 程序后，右击"开始"菜单栏中的任务窗口，打开快捷菜单，选择"关闭"命令（见图 2-8），可快速关闭当前开启的 Word 文档，如果同时开启较多文档可用该方式分别进行关闭。

图 2-7　单击"关闭"按钮

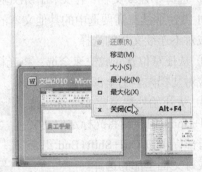

图 2-8　使用"关闭"选项

# 实验二　文本操作与格式设置

## 一、实验目的

掌握对文字的输入、选取以及字体、字号的设置等知识。在文本格式的设置上，注重美化设计。

## 二、实验内容

### 1．文档的输入

（1）手动输入文本

打开 Word 文档后，直接手动输入文字即可。

（2）利用"复制+粘贴"录入文本

① 打开参考内容的文本，选择需要复制的文本内容，按 Ctrl+C 组合键或单击鼠标右键，弹出快捷菜单，选择"复制"命令，如图 2-9 所示。

② 将光标定位在文本需要粘贴的位置，按 Ctrl+V 组合键进行粘贴，完成文本的粘贴录入，如图 2-10 所示。

图 2-9　复制文本

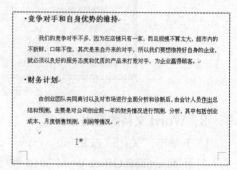

图 2-10　粘贴文本

### 2．文档的选取

① 选择连续文档：在需要选中文本的开始处按住鼠标左键，拖曳鼠标直至选择文档的最后，松开鼠标左键，完成连续文档的选择。

② 选择不连续文档：在文档开始处按住鼠标左键，拖曳鼠标选择需要选择的文档，再按住 Ctrl 键，继续在需要选中的其他文本的开始处单击鼠标左键滑动至最后，重复该操作，即可完成对不连续文档的选择。

③ 从任意位置完成快速全选：将光标放在文档的任意位置，同时按住 Ctrl+A 组合键，即完成对文档内容的全部选择。

④ 从开始处快速完成全选：按住 Ctrl+Home 组合键将光标定位在文档的首部，再按 Ctrl+Shift+End 组合键完成对文档全部的选择。

### 3．文本字体设置

① 字体栏设置：选中需要设置字体的文本内容，在"开始"→"字体"选项组中单击"字体"下拉按钮，在下拉菜单中选择适合的字体，如"隶书"，系统会自动预览字体的显示效果，如图 2-11 所示。

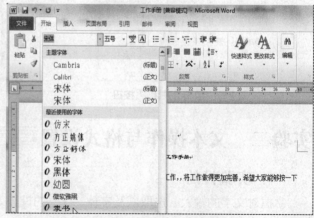

图 2-11　通过菜单栏设置字体

② 浮动工具栏设置：选中需要设置字体的文本内容，将鼠标移至选择的内容上，文本的上方弹出一个浮动的工具栏，单击"字体"下拉按钮，选择合适的字体格式，如选择"华文彩云"，系统自动预览字体的显示效果，如图 2-12 所示。

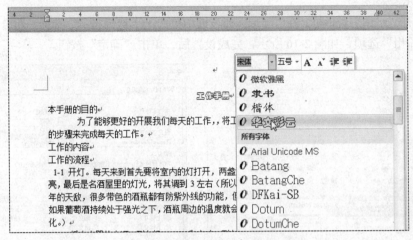

图 2-12 通过浮动工具栏设置字体

### 4．文本字号设置

（1）菜单栏设置

选中要设置的文本，在"开始"→"字体"选项组单击"字号"下拉按钮，在下拉菜单中选择字号，如选择"小一"，如图 2-13 所示。或者在字号栏中输入 1～1638 磅的任意数字，按 Enter 键直接进行字号设置。

（2）字体对话框设置

选中要设置的文本，按 Ctrl+Shift+P 组合键，打开"字体"对话框，此时 Word 会自动选中"字号"框内的字号值，用户可以直接键入字号值，也可以按键盘上的方向键↑键或↓键来选择字号列表中的字号，最后按 Enter 键或单击"确定"按钮可完成字号的设置，如图 2-14 所示。

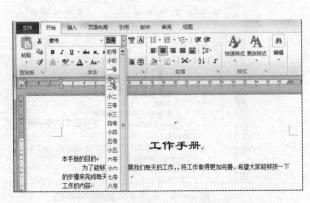

图 2-13 通过菜单栏设置字号

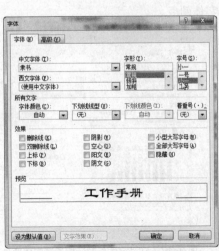

图 2-14 通过"字体"对话框设置字号

### 5．文本字形与颜色设置

（1）字形的设置

① 选择需要设置字形的文本内容，在"开始"→"字体"选项组中单击快捷按钮，如图 2-15 所示。

② 打开"字体"对话框，在"字形"列表框中单击上下选择按钮，选择一种合适的字形，如选择"加粗"选项，如图 2-16 所示，完成设置后，单击"确定"按钮。

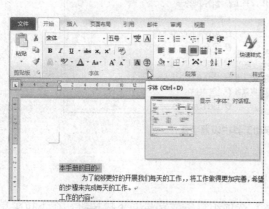

图 2-15　选择快捷按钮

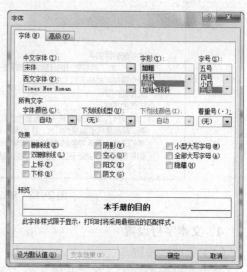

图 2-16　在"字体"对话框设置字形

（2）颜色的设置

① 选择需要设置颜色的文本内容，在"开始"→"字体"选项组中单击快捷按钮，打开"字体"对话框。在"所有文字"栏下的"字体颜色"中单击下拉按钮，选择合适的字体颜色，如"紫色"，如图 2-17 所示，单击"确定"按钮后完成字体颜色的设置。

② 选择需要设置颜色的文本内容，在"开始"→"字体"选项组中单击"字体颜色"按钮，打开下拉颜色菜单，选择合适的颜色，如选择"紫色"，如图 2-18 所示，即可设置字体颜色。

图 2-17　在"字体"对话框设置字体颜色

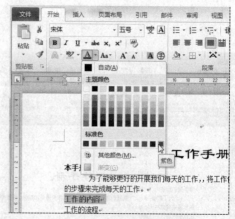

图 2-18　在菜单栏设置字体颜色

### 6. 文本特殊效果设置

① 选择需要设置特殊效果的文本内容，在"开始"→"字体"选项组中单击快捷按钮，打开"字体"对话框。在"效果"栏下勾选需要添加的效果复选框，如勾选"空心"复选框，如图 2-19 所示。

② 完成设置后单击"确定"按钮，文本的最终显示如图 2-20 所示。

图 2-19　选择"空心"样式

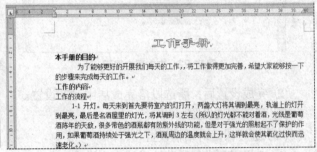

图 2-20　空心字体效果

# 实验三　段落格式设置

## 一、实验目的

掌握段落的设置，包括行间距、段落间距、段落缩进等不同的格式设置，这些也是初学者需要掌握的 Word 基础知识。

## 二、实验内容

### 1. 对齐方式设置

（1）通过快捷按钮快速设置

① 选择需要设置对齐方式的文本段落，在"开始"→"段落"选项组中单击"居中"按钮，如图 2-21 所示。

② 单击"居中"按钮后，所选段落完成居中对齐设置，效果如图 2-22 所示。

（2）通过段落对话框设置

① 选择需要设置对齐方式的文本段落，在"开始"→"段落"选项组中单击快捷按钮，打开"段落"对话框。切换到"缩进和间距"选项卡，在"常规"栏

图 2-21　在菜单栏选择"居中"样式

下的"对齐方式"选项中单击下拉按钮，选择合适的对齐方式，如选择"居中"方式，如图 2-23 所示，单击"确定"按钮。

图 2-22  文本居中显示

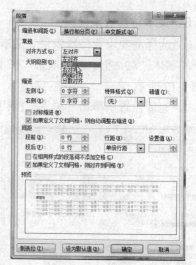

图 2-23  在"段落"对话框设置对齐方式

② 完成设置后，所选段落完成居中对齐设置。

## 2．段落缩进设置

（1）通过段落对话框设置

① 选择需要进行段落缩进的文本内容，在"开始"→"段落"选项组中单击快捷按钮，打开"段落"对话框。切换至"缩进和间距"选项卡，在"缩进"栏下，单击"特殊格式"下拉按钮，在下拉列表中选择"首行缩进"选项，如图 2-24 所示。

② 完成设置后，单击"确定"按钮，所选段落完成首行缩进的设置，效果如图 2-25 所示。

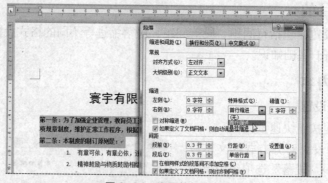

图 2-24  设置首行缩进

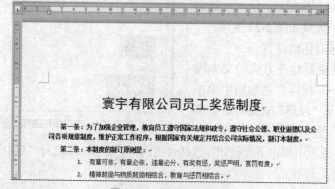

图 2-25  首行缩进效果

（2）通过标尺设置

将光标定位在需要进行段落缩进的开始处，拖动标尺上的滑块▽至合适的缩进距离，如拖动水平标尺至 2 字符处，如图 2-26 所示，完成首行缩进 2 个字符，松开鼠标即可。

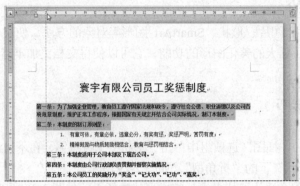

图 2-26　使用标尺调整缩进距离

### 3．行间距设置

行间距指的是在文档中的相邻行之间的距离，通过调整行间距可以有效地改善版面效果，使文档达到预期的预览效果。具体的行间距设置方法如下。

（1）通过菜单栏设置

选择需要设置行间距的文本，在"开始"→"段落"选项组中单击"行和段落间距"按钮，打开下拉菜单，在下拉菜单中选择适合的行间距，如"2.0"选项，如图 2-27 所示。

（2）通过段落对话框设置

① 选择需要设置行间距的文本，在"开始"→"段落"选项组中单击快捷按钮，打开"段落"对话框。

② 切换到"缩进和间距"选项卡，在"间距"栏 下单击"行距"下拉按钮，选择合适的行距设置方式，如选择"2 倍行距"选项，如图 2-28 所示。

图 2-27　在菜单栏设置行距

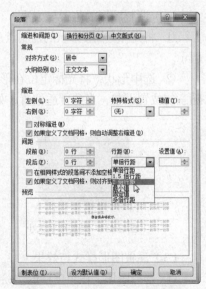

图 2-28　在"段落"对话框设置

## 实验四 图片、形状与 SmartArt 的应用

### 一、实验目的

掌握在文档中插入图片、形状、SmartArt 图形等对象的方法，使文档变得更引人注目。同时，Word 也提供了强大的美化图形的功能，它可以使得文档更加丰富多彩。

### 二、实验内容

#### 1．图形的操作技巧

（1）插入形状

① 在"插入"→"插图"选项组中单击"形状"下拉按钮，在下拉菜单中选择合适的图形，如选择"基本形状"下的"折角型"，如图 2-29 所示。

② 拖动鼠标画出合适的形状大小，完成形状的插入，如图 2-30 所示。

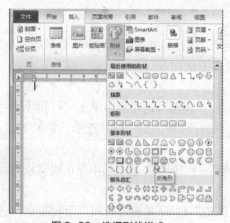

图 2-29 选择形状样式

图 2-30 绘制形状

（2）调整图形的位置与大小

① 将光标定位在形状的控制点上，此时光标变成"十"，按住鼠标左键进行缩放，如图 2-31 所示。

② 选中形状，将光标定位在形状上，按住鼠标左键，此时光标成"✛"，拖动鼠标进行随意的位置调整，直到合适位置，如图 2-32 所示。

图 2-31 调整形状大小

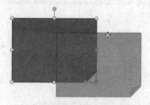

图 2-32 移动形状

（3）设置图形样式与效果

① 选择图形，在菜单栏的"绘图工具"→"格式"→"形状样式"选项组中单击"形状样式"下拉按钮，在下拉菜单中选择适合的样式，如选择"浅色 1 轮廓，彩色填充-水绿色，强调文字颜色 5"，如图 2-33 所示。

② 插入的形状会自动完成添加外观样式的设置，达到美化效果，如图 2-34 所示。

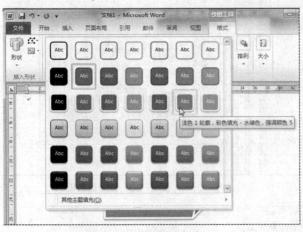

图 2-33 选择图形样式

图 2-34 应用样式后效果

### 2. 图片的操作技巧

（1）插入计算机中的图片

① 将光标定位在需要插入图片的位置，在"插入"→"插图"选项组中单击"图片"按钮，如图 2-35 所示。

② 打开"插入图片"对话框，选择图片所在文件夹再选择插入的图片，单击"插入"按钮，如图 2-36 所示，即可将图片插入到 Word 文档中。

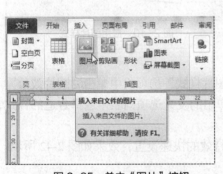

图 2-35 单击"图片"按钮

图 2-36 单击"插入"按钮

（2）设置图片大小调整

① 插入图片后，在"图片工具格式"→"大小"选项组中的"高度"与"宽度"文本框中手动输入需要调整图片的宽度和高度，如输入高度为"5.14"厘米 ，宽度为"8"厘米，如图 2-37 所示。

② 设置了图片的高度和宽度后，图片自动完成固定值的调整，效果如图 2-38 所示。

（3）设置图片格式

① 在"图片工具"→"格式"→"图片样式"选项组中单击 按钮，在下拉菜单中选择一种合适的样式，如"旋转，白色"样式，如图 2-39 所示。

② 单击该样式即可将效果应用到图片中，完成外观样式的快速套用，效果如图 2-40 所示。

图 2-37 设置图片大小

图 2-38 设置后效果

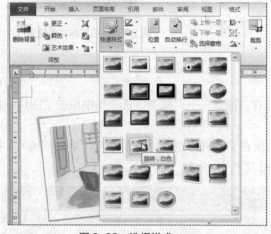

图 2-39 选择样式

图 2-40 应用图片样式

（4）设置图片效果

① 选中图片，在"图片工具"→"格式"→"图片样式"选项组中单击"图片效果"下拉按钮，在下拉菜单中选择"发光（G）"选项，在弹出的发光选项列表中选择合适的样式，如图 2-41 所示。

② 单击该样式即可应用于所选图片，完成图片特效的快速设置，效果如图 2-42 所示。

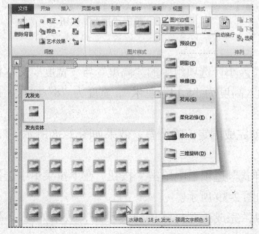

图 2-41 选择发光效果

图 2-42 应用效果

### 3. SmartArt 图形设置

（1）插入图形

① 在"插入"→"插图"选项组中单击"SmartArt"按钮，如图 2-43 所示。

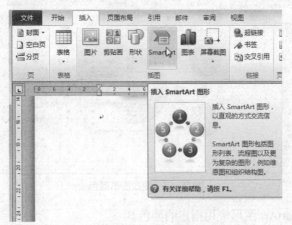

图 2-43　单击"SmartArt"按钮

② 打开"选择 SmartArt 图形"对话框，选择适合的图形样式，如图 2-44 所示。

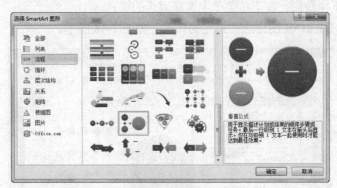

图 2-44　选择图形

③ 单击"确定"按钮，即可插入 SmartArt 图形，如图 2-45 所示。

④ 在图形的"文本"位置输入文字，即可为图形添加文字，如图 2-46 所示。

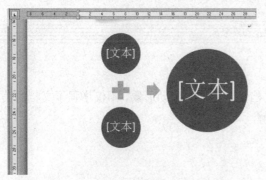

图 2-45　添加图形

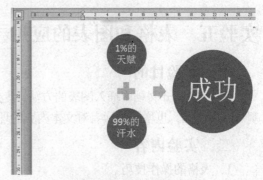

图 2-46　在图形中添加文字

（2）更改 SmartArt 图形颜色

① 选中 SmartArt 图形，在"SmartArt 工具"→"设计"→"SmartArt 样式"选项组中单

击"更改颜色"下拉按钮，在下拉菜单中选择适合的颜色，如图 2-47 所示。

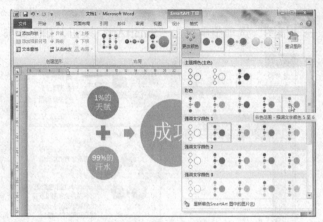

图 2-47　更改图形颜色

② 系统会为 SmartArt 图形应用指定的颜色。

（3）更改 SmartArt 图形样式

① 选中 SmartArt 图形，在"SmartArt 工具"→"设计"→"SmartArt 样式"选项组中单击"更改颜色"下拉按钮，在下拉菜单中选择适合的样式。

② 系统会为 SmartArt 图形应用指定的样式，如图 2-48 所示。

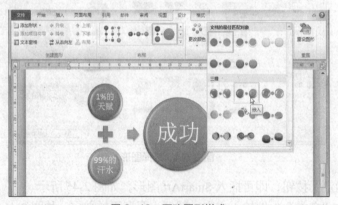

图 2-48　更改图形样式

# 实验五　表格和图表的应用

## 一、实验目的

掌握在 Word 文档中插入图表的方法，使文档变得更加的生动形象，不仅增强了文档的美观性、阅读性，也增强了读者对文本内容的理解。

## 二、实验内容

### 1．表格的操作技巧

（1）插入表格

在"开始"→"表格"选项组中单击"插入表格"下拉按钮，在下拉菜单中拖动鼠标选择一个 5×5 的表格，如图 2-49 所示，即可在文档中插入一个 5×5 的表格，如图 2-50 所示。

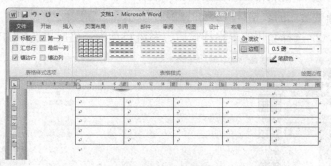

图 2-49 选择表格行列数

图 2-50 插入表格

（2）将文本转化为表格

① 将文档中的"、"号和"："号更改为"，"号，在"插入"→"表格"选项组中单击"表格"下拉按钮，在下拉菜单中选择"将文本转换成表格"命令，如图 2-51 所示。

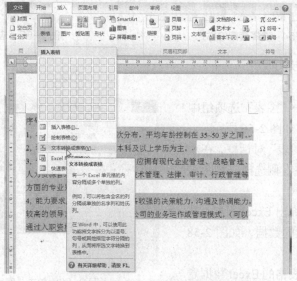

图 2-51 选择"将文本转换成表格"命令

② 打开"将文字转换成表格"对话框，选中"根据内容调整表格"单选钮，接着选中"逗号"单选钮，如图 2-52 所示。

③ 单击"确定"按钮，即可将所选文字转换成表格内容，如图 2-53 所示。

图 2-52 设置转换样式

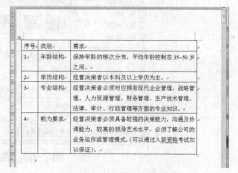

图 2-53 文本转换为表格

（3）套用表格样式

① 单击表格任意位置，在"设计"→"表格样式"选项组中单击 按钮，在下拉菜单中选择要套用的表格样式，如图 2-54 所示。

② 选择套用的表格样式后，系统自动为表格应用选中的样式格式，效果如图 2-55 所示。

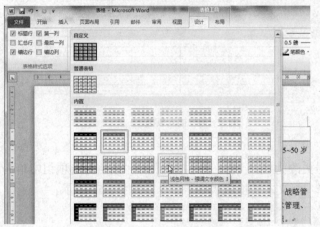

图 2-54　选择套用的样式

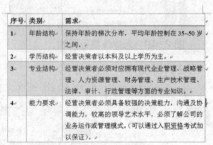

图 2-55　应用样式效果

### 2．图表的操作技巧

（1）插入图表

① 在"插入"→"图表"选项组中单击"图表"按钮，如图 2-56 所示。

② 打开"插入图表"对话框，在左侧单击"柱形图"，在右侧选择一种图表类型，如图 2-57 所示。

③ 此时系统会弹出 Excel 表格，并在表格中显示了默认的数据，如图 2-58 所示。

④ 将需要创建表格的 Excel 数据复制到默认工作表中，如图 2-59 所示。

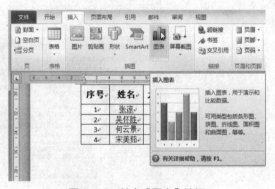

图 2-56　单击"图表"按钮

图 2-57　选择图表样式

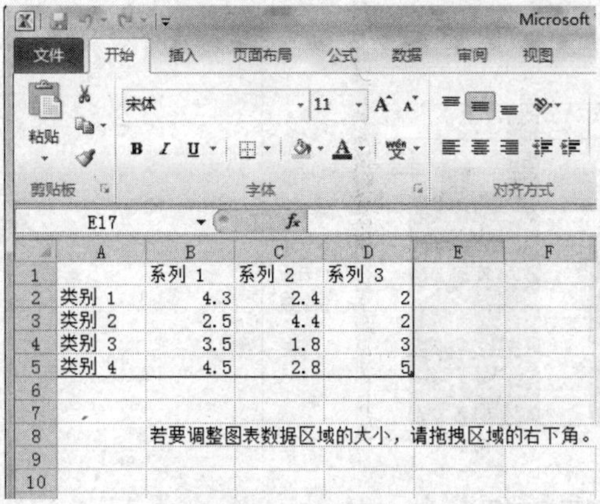

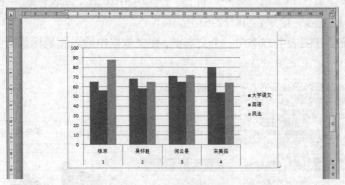

图 2-58　系统默认数据源 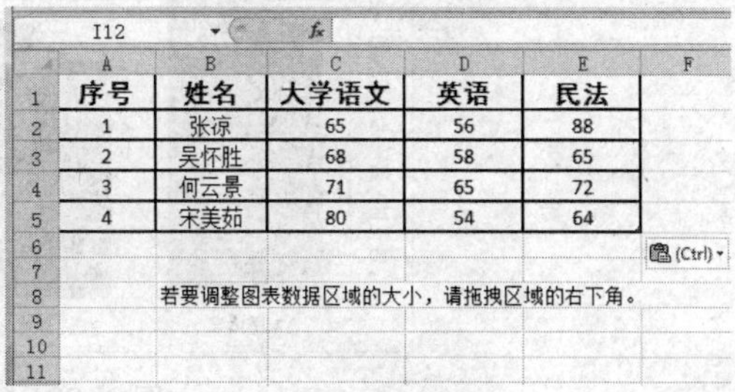　　　　　　　　　图 2-59　更改数据源

⑤ 系统自动根据插入的数据源创建柱形图，效果如图 2-60 所示。

图 2-60　创建柱形图

（2）行列互换

在"图表工具"→"设计"→"数据"选项组中单击"切换行/列"按钮，如图 2-61 所示，即可更改图表数据源的行列表达，效果如图 2-62 所示。

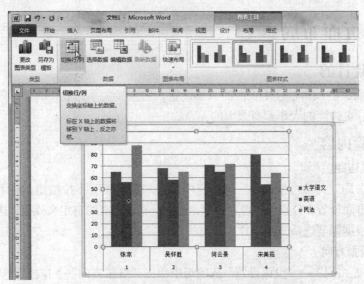

图 2-61　单击"切换行/列"按钮

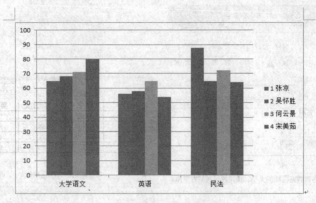

图 2-62　行列互换效果

（3）添加标题

① 在"图表工具"→"布局"→"标签"选项组中单击"图表标题"下拉按钮，在下拉菜单中选择"图表上方"命令，如图 2-63 所示。

② 此时系统会在图表上方添加一个文本框，在文本框中输入图表标题即可，效果如图 2-64 所示。

图 2-63　选择图表样式

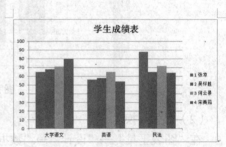

图 2-64　插入图表

# 实验六　页面布局

## 一、实验目的

掌握在 Word 的编辑过程中页面的大小设置，它直接关系到最终的显示效果，页面的大小和纸张大小、页边距的大小都有很大的关系。

## 二、实验内容

### 1．更改页边距

在"页面布局"→"页面设置"选项组中单击"页边距"下拉按钮，在下拉菜单中提供了 5 种具体的页面设置，分别为"普通，窄，适中，宽，上次的自定义设置"选项，如图 2-65 所示，用户可根据需要选择页边距样式，这里选择"适中"。

### 2．更改纸张方向

① 在"页面布局"→"页面设置"选项组中单击"纸张方向"下拉按钮，打开下拉菜单，默认情况下为纵向的纸张，单击"横向"选项，如图 2-66 所示。

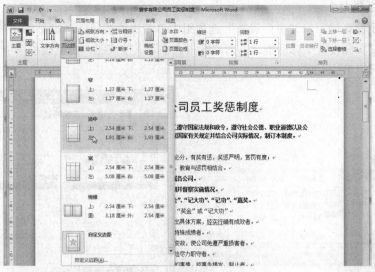

图 2-65　选择"适中"页边距

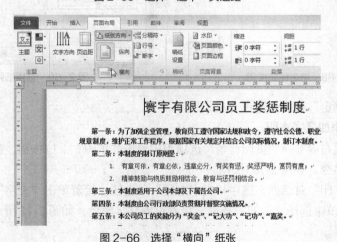

图 2-66　选择"横向"纸张

② 文档的纸张方向更改为横向，效果如图 2-67 所示。

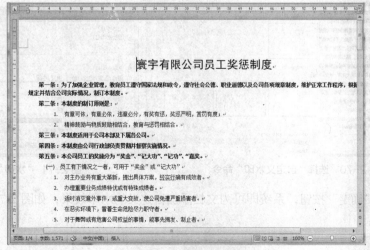

图 2-67　横向纸张效果

### 3．更改纸张大小

① 在"页面布局"→"页面设置"选项组中单击快捷按钮 ，如图 2-68 所示。

② 打开"页面设置"对话框，单击"纸张大小"下拉按钮，在下拉菜单中选择"16 开"，如图 2-69 所示。

图 2-68　单击快捷按钮　　　　　　　　图 2-69　选择纸张

③ 单击"确定"按钮，即可完成设置。

### 4．为文档添加文字水印

① 在"页面布局"→"页面背景"选项组中单击"水印"下拉按钮，在下拉菜单中选择"自定义水印"命令，如图 2-70 所示。

② 打开"水印"对话框，选中"文字水印"单选钮，接着单击"文字"右侧文本框下拉按钮，在下拉菜单中选择"传阅"选项，接着设置文字颜色，如图 2-71 所示。

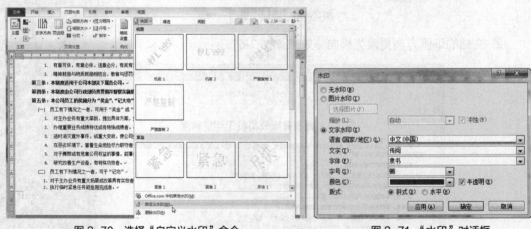

图 2-70　选择"自定义水印"命令　　　　　　图 2-71　"水印"对话框

③ 单击"确定"按钮，系统即可为文档添加自定义的水印效果，如图 2-72 所示。

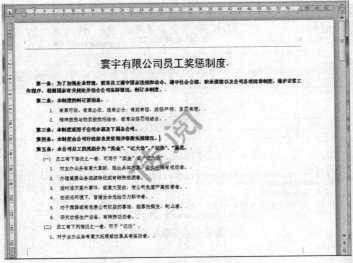

图2-72 插入水印效果

# 实验七 页眉页脚和页码设置

## 一、实验目的

掌握在文档中添加页眉页脚和页码的方法，能够让文档的版式更加美观大方，主题突出。在打印文档时，可以轻松将打印的文档装订成册，不至于乱了顺序。

## 二、实验内容

### 1．插入页眉

① 在"插入"→"页眉和页脚"选项组中单击"页眉"下拉按钮，在下拉菜单中选择页眉样式，如图2-73所示。

图2-73 插入页眉

② 在插入文档的页眉样式里，单击页眉样式提供的文本框，编辑内容，完成页眉的快速插入，如图2-74所示。

图 2-74　输入页眉

### 2．插入页脚

① 在"页眉和页脚工具"→"导航"选项组中单击"转至页脚"按钮，如图 2-75 所示。

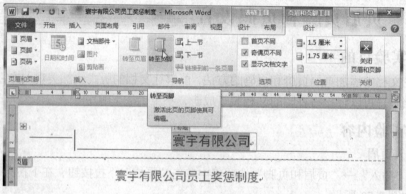

图 2-75　转到页脚

② 切换到页脚区域，在页脚区域中输入文字，如图 2-76 所示。

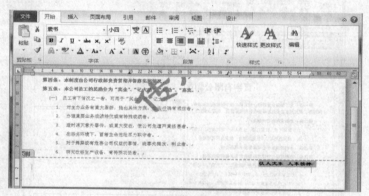

图 2-76　设置页脚

### 3．插入页码

① 在"页眉页脚工具"→"页眉和页脚"选项组中单击"页码"下拉按钮，在下拉菜单中选择"页面底端"命令，在弹出的菜单中选择合适的页码插入形式，如选择"普通数字 2"命令，如图 2-77 所示。

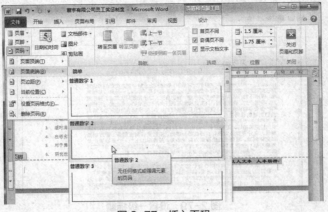

图 2-77　插入页码

② 设置完成后，在"页眉页脚工具"→"关闭"选项组中单击"关闭页眉页脚"按钮即可完成设置，效果如图 2-78 所示。

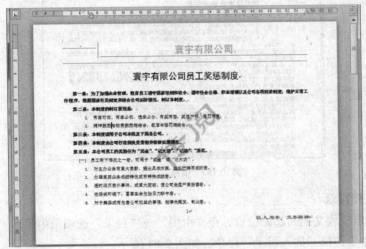

图 2-78　插入后效果

# 实验八　目录、注释、引文与索引

## 一、实验目的

在处理长文档的过程中，想要快速了解整个文档层次结构及具体内容，可以创建文档的目录，同样也可以在文档中标记索引，对于插入的图片，还可以根据需要添加题注。

## 二、实验内容

### 1. 设置目录大纲级别

① 在"视图"→"文档视图"选项组中单击"大纲视图"按钮。

② 打开"大纲视图"对话框，按 Ctrl 键依次选中要设置为一级标题的标题，在"大纲视图"下拉菜单中选择"一级"选项，如图 2-79 所示。

③ 按 Ctrl 键依次选中要设置为二级标题的标题，在"大纲视图"下拉菜单中选择"二级"选项，如图 2-80 所示。

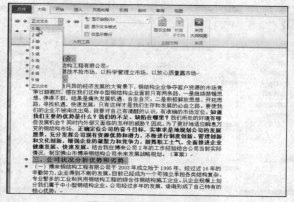

图 2-79　设置一级标题

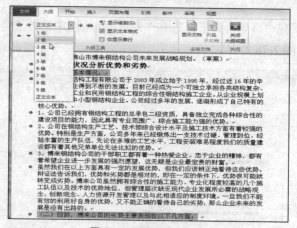

图 2-80　设置二级标题

### 2．提取文档目录

① 将光标定位到文档的起始位置，在"引用"→"目录"选项组中单击"目录"下拉按钮，在下拉菜单中选择"插入目录"命令，如图 2-81 所示。

② 打开"目录"对话框，即可显示文档目录结构，系统默认只显示 3 级目录，如果长文档目录级别超过 3 级，在"常规"列表中的"显示级别"文本框中手动设置要显示的级别，单击"确定"按钮，如图 2-82 所示。

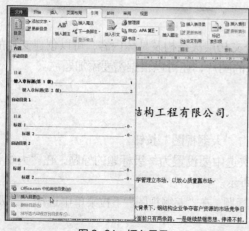

图 2-81　插入目录

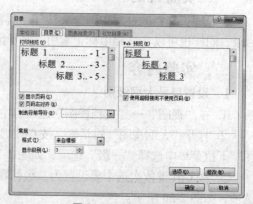

图 2-82　查看目录效果

③ 设置完成后，单击"确定"按钮，目录显示效果如图 2-83 所示。

### 3. 目录的快速更新

① 对文档目录进行更改后，在"引用"→"目录"选项组中单击"更新目录"按钮，如图 2-84 所示。

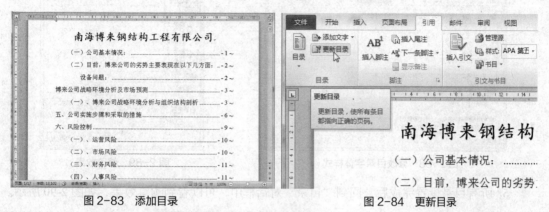

图 2-83　添加目录　　　　　　　　　　图 2-84　更新目录

② 打开"更新目录"对话框，选中"更新整个目录"单选钮，单击"确定"按钮，如图 2-85 所示，即可更新目录。

### 4. 设置目录的文字格式

① 打开文档，在"引用"→"目录"选项组中单击"目录"下拉按钮，在下拉菜单中选择"插入目录"命令，打开"目录"对话框，单击"修改"按钮，如图 2-86 所示。

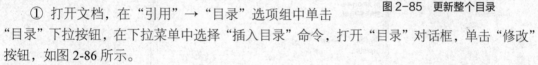

图 2-85　更新整个目录

② 打开"样式"对话框，在列表框中选择目录，可以看到预览效果，单击"修改"按钮，如图 2-87 所示。

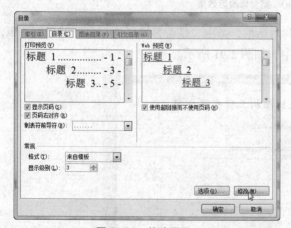

图 2-86　修改目录

图 2-87　修改目录1

③ 打开"修改样式"对话框，重新设置样式格式，如字体、字号、颜色等，如图 2-88 所示。

④ 设置完成后，单击"确定"按钮，返回到"样式"对话框，可以看到预览效果（见图 2-89）。选择"目录 2"，再次单击"修改"按钮，打开"修改样式"对话框进行设置。

图 2-88　修改目录字体样式　　　　　　　　　　图 2-89　修改效果

⑤ 所有目录设置完成后，回到"目录"对话框中，可以看到预览效果，如图 2-90 所示。

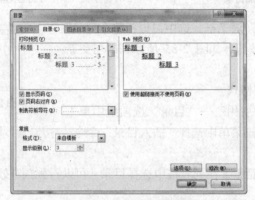

图 2-90　完全修改后效果

⑥ 单击"确定"按钮，退出"目录"对话框，弹出"是否替换所选目录"对话框，单击"是"按钮，设置好的效果即应用到目录中，如图 2-91 所示。

图 2-91　设置目录文字格式

## 5. 在文档中插入图片题注

① 打开文档，选中需要添加题注的图片，在"引用"→"题注"选项组中单击"插入题注"按钮，如图 2-92 所示。

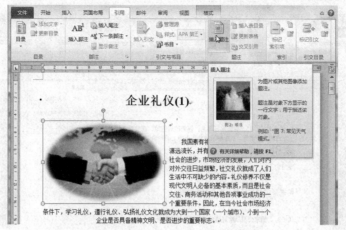

图 2-92　单击"插入题注"按钮

② 打开"题注"对话框，单击"新建标签"按钮，如图 2-93 所示。

③ 打开"新建标签"对话框，在"标签"文本框中输入"图片"，如图 2-94 所示。

图 2-93　单击"新建标签"按钮

图 2-94　新建标签

④ 单击"确定"按钮，即可为选中的图片添加"图片 1"的题注，如图 2-95 所示。

图 2-95　插入题注效果

### 6．在指定位置插入索引内容

① 将插入点定位到要插入索引的位置，在"引用"→"索引"选项组中单击"插入索引"按钮，如图 2-96 所示。

② 打开"索引"对话框，勾选"页码右对齐"复选框，设置"栏数"为 1，选择"排序依据"为"拼音"，单击"标记索引项"按钮，如图 2-97 所示。

③ 打开"标记索引项"对话框，在"主索引项"文本框中输入需要索引的内容，如图 2-98 所示。

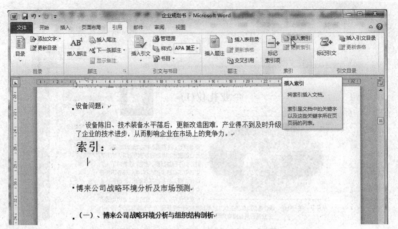

图2-96 单击"插入索引"按钮

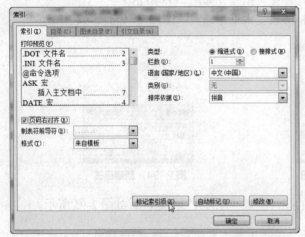

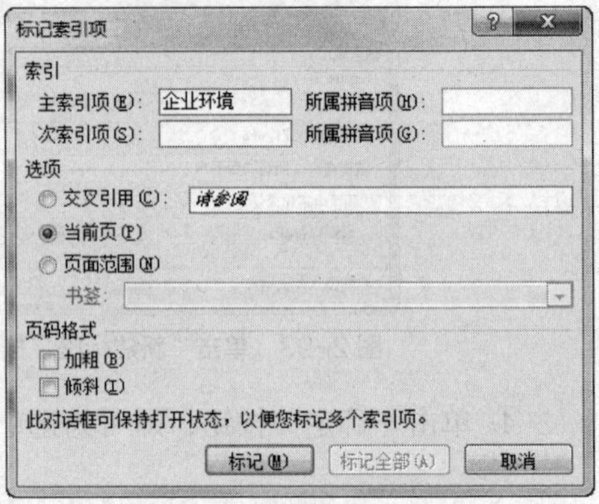

图2-97 设置索引格式

图2-98 设置索引内容

④ 单击"标记"按钮,在"索引"选项组中单击"插入索引"按钮,即可在文档中插入索引,效果如图2-99所示。

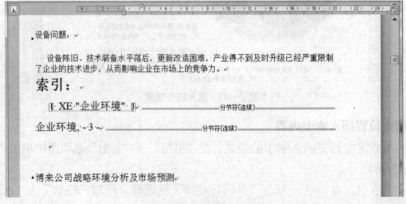

图2-99 添加索引效果

# 实验九 文档审阅

## 一、实验目的

在制作完成整个文档后，需要对文档进行审阅，以查看文档中是否有错误。对于出现的错误，如果不直接改动文档内容，可以在文档中插入批注。

## 二、实验内容

### 1. 检查文档

① 在"审阅"→"校对"选项组中单击"拼音和语法"按钮，如图 2-100 所示。

② 打开"拼写和语法:中文（中国）"对话框，即可看到在"输入错误或特殊用法"列表框中显示了系统认为错误的文字，并在"建议"列表框中给出了修改建议，如图 2-101 所示。

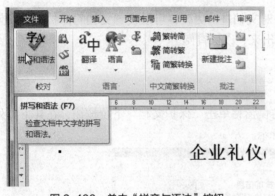

图 2-100 单击"拼音与语法"按钮

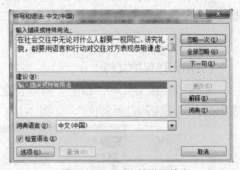

图 2-101 对文档进行检查

③ 如果文字没有错误，可以直接单击"忽略一次"或"下一句"按钮，即可进入下一处检查，直至文档结束。如果单击"全部忽略"按钮，则忽略整个文档的检查。

### 2. 插入批注

① 选中需要插入批注的文本，在"审阅"→"批注"选项组中单击"新建批注"按钮，如图 2-102 所示。

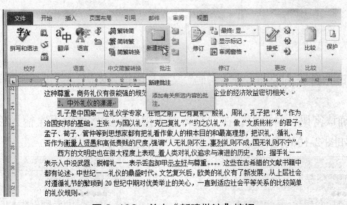

图 2-102 单击"新建批注"按钮

② 系统自动在文档右侧添加一个批注框，在其中输入批注内容即可，效果如图 2-103 所示。

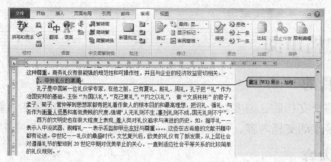

图 2-103　插入批注

# 实验十　文档的保护与打印

## 一、实验目的

对于制作好的文档，为了防止其他用户对文档进行更改，可以设置文档的保护。如果想要将文档内容显示在纸张上，可以将其打印出来，以供查阅。

## 二、实验内容

### 1．用密码保护文档

① 单击"文件"→"信息"命令，在右侧窗格单击"保护文档"下拉按钮，在其下拉列表中选择"用密码进行加密"，如图 2-104 所示。

图 2-104　选择保护方式

② 打开"加密文档"对话框，在"密码"文本框中输入密码，单击"确定"按钮，如图 2-105 所示。

③ 打开"确认密码"对话框，在"重新输入密码"文本框中再次输入设置的密码，单击"确定"按钮，如图 2-106 所示。

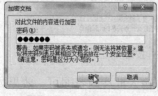

图 2-105　输入密码

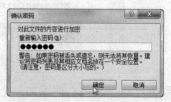

图 2-106　确认密码

④ 关闭文档后，再次打开文档时，系统会提示先输入密码，如果密码不正确则不能打开文档。

**2．打印文档**

① 单击"文件"→"打印"命令，在右侧窗格单击"打印"按钮，即可打印文档，如图2-107所示。

图2-107　打印文档

② 在右侧窗格的"打印预览"区域，可以看到预览情况。在"打印所有文档"下拉列表中可以设置打印当前页或打印整个文档。

③ 在"单面打印"下拉菜单中可以设置单面打印或者手动双面打印。

④ 此外还可以设置打印纸张方向、打印纸张、正常边距等，用户可以根据需要自行设置。

# Chapter 3 第 3 章
# Excel 2010 电子表格

## 实验一　Excel 2010 文档的启动、保存与退出

### 一、实验目的

学习 Excel 2010，首先要掌握 Excel 的启动、保存与退出基本操作。

### 二、实验内容

#### 1. Excel 2010 的启动

在学习 Excel 2010 之前，首先需要启动 Excel 2010。启动 Excel 2010 有以下几种方法。

方法一：如果在计算机桌面上创建了 Excel 2010 快捷方式（见图 3-1），用户可以使用鼠标左键双击该快捷方式图标来启动 Excel 2010。

方法二：如果桌面上没有创建 Excel 2010 快捷方式图标，可以通过单击"开始"→"所有程序"→"Microsoft Office"→"Microsoft Excel 2010"菜单命令（见图 3-2），即可启动 Microsoft Excel 2010。

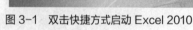
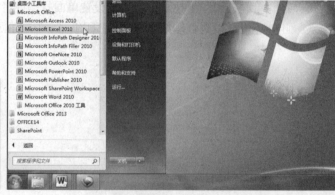

图 3-1　双击快捷方式启动 Excel 2010　　　　图 3-2　单击菜单命令启动 Excel 2010

方法三：如果在快速启动栏中建立了 Excel 的快捷方式，可直接单击快捷方式图标启动 Excel 2010。

方法四：按 Win+R 组合键，调出"运行"对话框，输入"Excel"，然后单击"确定"按钮（见图 3-3），也可启动 Excel 2010。

#### 2. Excel 2010 的保存

保存建立的工作簿，文件位置放在"实验一"文件夹下，文件名为"学生成绩"。具体操作步骤如下。

① 启动 Excel 2010 应用程序，单击"文件"→"保存"命令，弹出"另存为"对话框，如图 3-4 所示。

图 3-3 "运行"对话框　　　　　　　　图 3-4 "另存为"对话框

② 在"保存位置"下拉列表中选择要将该文档保存的盘符、文件夹等位置，这里选择"实验一"文件夹，在"文件名"文本框中输入文件名"学生成绩"。

③ 操作完成后，单击"保存"按钮即可。

### 3. Excel 2010 的退出

下面介绍退出 Excel 2010 的几种方法。

方法一：打开 Microsoft Excel 2010 程序后，单击程序右上角的"关闭"按钮 ▆▆ ✕ （见图 3-5），即可快速退出主程序。

图 3-5 单击"关闭"按钮

方法二：打开 Microsoft Excel 2010 程序后，单击"开始"→"退出"命令，即可快速退出当前打开的 Excel 工作簿，如图 3-6 所示。

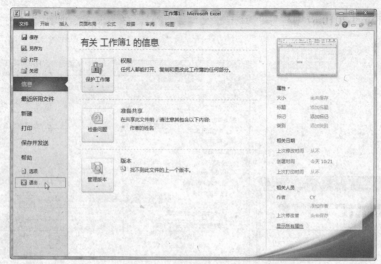

图 3-6　使用"退出"命令

方法三：直接按 Alt+F4 组合键退出 Excel 2010 程序。

# 实验二　工作簿与工作表操作

## 一、实验目的

要制作 Excel 表格，需要先学习创建工作簿，才能对工作簿进行操作。掌握在工作簿中对工作表进行插入、删除、移动等操作。

## 二、实验内容

### 1. 创建工作簿

在 Excel 2010 中可以采用多种方法新建工作簿，可以通过下面介绍的方法来实现。

（1）新建一个空白工作簿

方法一：启动 Excel 2010 应用程序后，立即创建一个新的空白工作簿，如图 3-7 所示。

图 3-7　创建空白工作簿

方法二：在打开 Excel 的一个工作表后，按 Ctrl+N 组合键，立即创建一个新的空白工作簿。

方法三：单击"文件"→"新建"命令，在右侧选中"空白工作簿"，接着单击"创建"按钮（见图 3-8），立即创建一个新的空白工作簿。

图 3-8　根据模板创建

（2）根据现有工作簿建立新的工作簿

根据工作簿"学生成绩"建立一个新的工作簿，具体操作步骤如下。

① 启动 Excel 2010 应用程序，单击"文件"→"新建"命令，打开"新建工作簿"任务窗格，在右侧选中"根据现有内容新建"，如图 3-9 所示。

图 3-9　"新建工作簿"任务窗格

② 打开"根据现有工作簿新建"对话框，选择需要的工作簿文档，如"学生成绩"，单击"新建"按钮即可根据工作簿"学生成绩"建立一个新的工作簿，如图 3-10 所示。

（3）根据模板建立工作簿

根据模板建立一个新的工作簿，具体操作步骤如下。

① 单击"文件"→"新建"命令，打开"新建工作簿"任务窗格。

② 在"模板"栏中有"可用模板"、"Office.com 模板"，可根据需要进行选择，如图 3-11 所示。

图 3-10 "根据现有工作簿新建"对话框

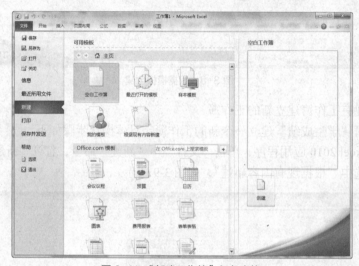

图 3-11 "新建工作簿"任务窗格

## 2. 插入工作表

用户在编辑工作簿的过程中，如果工作表数目不够用，可以通过下面介绍的方法来插入工作表。

① 单击工作表标签右侧的插入工作表按钮 来实现，如图 3-12 所示。

② 单击一次，可以插入一个工作表，如图 3-13 所示。

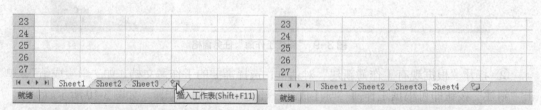

图 3-12 单击"插入工作表"按钮          图 3-13 插入 Sheet4 工作表

## 3. 删除工作表

下面介绍删除工作簿中 Sheet4 工作表的方法。

在 Sheet4 工作表标签上用鼠标右键单击，在弹出的快捷菜单中选择"删除"命令，即可删除 Sheet4 工作表，如图 3-14 所示。

图 3-14　使用"删除"命令

### 4．移动或复制工作表

移动或复制工作表可在同一个工作簿内也可在不同的工作簿之间来进行，具体操作步骤如下。

① 选择要移动或复制的工作表，如图 3-15 所示。

② 用鼠标右键单击要移动或复制的工作表标签，选择"移动或复制工作表"命令，打开"移动或复制工作表"对话框，如图 3-16 所示。

图 3-15　选择要移动或复制的工作表

图 3-16　"移动或复制工作表"对话框

③ 在"工作簿"下拉列表中选择要移动或复制到的目标工作簿名，如"学生成绩"。

④ 在"下列选定工作表之前"列表框中选择把工作表移动或复制到"学生成绩"工作表前。

⑤ 如果要复制工作表，应勾选"建立副本"复选框，否则为移动工作表，最后单击"确定"按钮。

## 实验三　单元格操作

### 一、实验目的

单元格是表格承载数据的最小单位，表格主要的操作也是在单元格中进行的。因此，需要掌握有关单元格的操作，如选择、插入、删除、合并单元格以及调整行高、列宽等基本操作。

## 二、实验内容

### 1．选择单元格

在单元格中输入数据之前，先要选择单元格。

（1）选择单个单元格

选择单个单元格的方法非常简单，具体操作步骤如下：

将鼠标指针移动到需要选择的单元格上，单击该单元格即可选择，选择后的单元格四周会出现一个黑色粗边框，如图 3-17 所示。

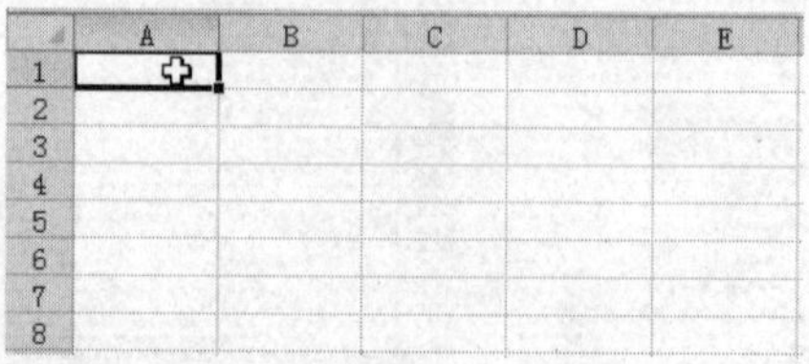

图 3-17　选择单个单元格

（2）选择连续的单元格区域

要选择连续的单元格区域，可以按照如下两种方法操作。

方法一：拖动鼠标选择。若选择 A3:F10 单元格区域，可单击 A3 单元格，按住鼠标左键不放并拖动到 F10 单元格，此时释放鼠标左键，即可选中 A3:F10 单元格区域，如图 3-18 所示。

方法二：快捷键选择单元格区域。若选择 A3:F10 单元格区域，可单击 A3 单元格，在按住 Shift 键的同时，单击 F10 单元格，即可选中 A3:F10 单元格区域。

（3）选择不连续的单元格或区域

操作步骤如下：

按住 Ctrl 键的同时，逐个单击需要选择的单元格或单元格区域，即可选择不连续单元格或单元格区域，如图 3-19 所示。

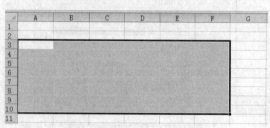

图 3-18　拖动鼠标选择单元格区域

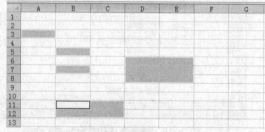

图 3-19　选择不连续的单元格或单元格区域

### 2．插入单元格

在编辑表格过程中有时需要不断地更改，如规划好框架后发现漏掉一个元素，此时需要插入单元格。具体操作步骤如下。

① 选中 A5 单元格，切换到"开始"→"单元格"选项组，单击"插入"下拉按钮，选择"插入单元格"命令，如图 3-20 所示。

② 弹出"插入"对话框，选择在选定单元格的前面还是上面插入单元格，如图 3-21 所示。

③ 单击"确定"按钮，即可插入单元格，如图 3-22 所示。

### 3．删除单元格

操作步骤如下：

删除单元格时，先选中要删除的单元格，在右键菜单中选择"删除"命令，接着在弹出的"删除"对话框中选择"右侧单元格左移"或"下方单元格上移"即可。

图 3-20　选中 A5 单元格

图 3-21　"插入"对话框

### 4．合并单元格

在表格的编辑过程中经常需要合并单元格，包括将多行合并为一个单元格、多列合并为一个单元格、多行多列合并为一个单元格。具体操作步骤如下。

① 在"开始"→"对齐方式"选项组中单击"合并后居中"下拉按钮，展开下拉菜单，如图 3-23 所示。

图 3-22　插入单元格后的结果

图 3-23　"合并后居中"下拉菜单

② 单击"合并后居中"选项，其合并效果如图 3-24 所示。

### 5．调整行高和列宽

当单元格中输入的内容过长时，可以调整行高和列宽，其操作步骤如下。

① 选中需要调整行高的行，切换到"开始"→"单元格"选项组，单击"格式"下拉按钮，在下拉菜单中选择"行高"选项，如图 3-25 所示。

图 3-24　合并后的效果

② 弹出"行高"对话框，在"行高"文本框中输入要设置的行高值，如图 3-26 所示。

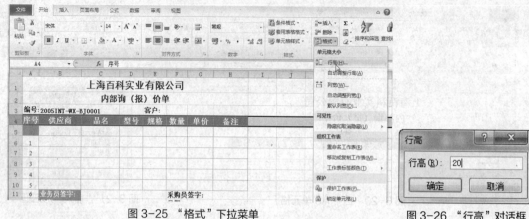

图 3-25 "格式"下拉菜单　　　　　　　　　　图 3-26 "行高"对话框

**注意**　要调整列宽，其方法类似。

# 实验四　数据输入

## 一、实验目的

在工作表中输入的数据类型有很多，包括数值、文本、日期、货币等类型，还牵涉到利用填充的方法实现数据的批量输入。因此，必须掌握 Excel 2010 的数据输入方法。

## 二、实验内容

### 1．输入文本

一般来说，输入到单元格中的中文汉字即为文本型数据，另外，还可以将输入的数字设置为文本格式，可以通过下面介绍的方法来实现。

① 打开工作表，选中单元格，输入数据，其默认格式为"常规"，如图 3-27 所示。

图 3-27　默认格式为"常规"

② 在"序号"列中想显示的序号为"001"，"002"，…，这种形式，直接输入后如图 3-28

左图所示，显示的结果如图 3-28 右图所示（前面的 0 自动省略）。

图 3-28　输入显示的结果

③ 此时则需要首先设置单元格的格式为"文本"，然后再输入序号。选中要输入"序号"的单元格区域，切换到"开始"菜单，在"数字"选项组中单击设置单元格格式按钮 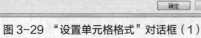，弹出"设置单元格格式"对话框，在"分类"列表框中选择"文本"选项，如图 3-29 所示。

④ 单击"确定"按钮，再输入以 0 开头的编号时即可正确显示出来，如图 3-30 所示。

图 3-29　"设置单元格格式"对话框（1）

图 3-30　输入以 0 开头的编号

## 2．输入数值

直接在单元格中输入数字，默认是可以参与运算的数值。但根据实际操作的需要，有时需要设置数值的其他显示格式，如包含特定位数的小数、以货币值显示等。

（1）输入包含指定小数位数的数值

当输入数值包含小数位时，输入几位小数，单元格中就显示出几位小数。如果希望所有输入的数值都包含几位小数（如 3 位，不足 3 位的用 0 补齐），可以按如下方法设置。

① 选中要输入包含 3 位小数数值的单元格区域，在"开始"→"数字"选项组中单击设置单元格格式按钮 ，如图 3-31 所示。

② 打开"设置单元格格式"对话框，在"分类"列表框中选择"数值"选项，然后根据实际需要设置小数的位数，如图 3-32 所示。

③ 单击"确定"按钮，在设置了格式的单元格输入数值时自动显示为包含 3 位小数，如图 3-33 所示。

（2）输入货币数值

要让输入的数据显示为货币格式，可以按如下方法操作。

① 打开工作表，选中要设置为"货币"格式的单元格区域，切换到"开始"→"数字"

选项组，单击设置单元格格式按钮 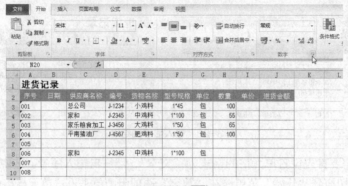，弹出"设置单元格格式"对话框。在"分类"列表中选择"货币"选项，并设置小数位数、货币符号的样式，如图3-34所示。

图3-31　单击　　按钮

图3-32　"设置单元格格式"对话框（2）

图3-33　显示为包含3位小数

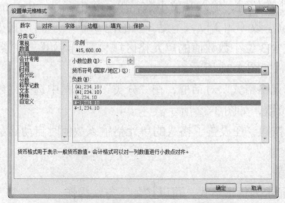

图3-34　"设置单元格格式"对话框（3）

② 单击"确定"按钮，则选中的单元格区域数值格式更改为货币格式，如图 3-35 所示。

| | A | B | C | D | E | F | G | H | I | J |
|---|---|---|---|---|---|---|---|---|---|---|
| 1 | 进货记录 | | | | | | | | | |
| 2 | 序号 | 日期 | 供应商名称 | 编号 | 货物名称 | 型号规格 | 单位 | 数量 | 单价 | 进货金额 |
| 3 | 001 | | 总公司 | J-1234 | 小鸡料 | 1*45 | | 100 | 156.000 | ¥15,600.00 |
| 4 | 002 | | 家和 | J-2345 | 中鸡料 | 1*100 | 包 | 55 | 159.500 | ¥8,772.50 |
| 5 | 003 | | 家乐粮食加工 | J-3456 | 大鸡料 | 1*50 | | 65 | 146.300 | ¥9,509.50 |
| 6 | 004 | | 平南猪油厂 | J-4567 | 肥鸡料 | 1*50 | 包 | 100 | 167.800 | ¥16,780.00 |
| 7 | 005 | | | | | | | | | |
| 8 | 006 | | 家和 | J-2345 | 中鸡料 | 1*100 | 包 | | | |
| 9 | 007 | | | | | | | | | |
| 10 | 008 | | | | | | | | | |

图 3-35　更改为货币格式

### 3．输入日期数据

要在 Excel 表格中输入日期，需要以 Excel 可以识别的格式输入，如输入"13-3-2"，按回车键则显示"2013-3-2"；输入"3-2"，按回车键后其默认的显示结果为"1 月 2 日"。如果想以其他形式显示数据，可以通过下面介绍的方法来实现。

① 选中要设置为特定日期格式的单元格区域，切换到"开始"→"数字"选项组，单击按钮，弹出"设置单元格格式"对话框。

② 在"分类"列表框中选择"日期"选项，并设置小数位数，接着在"类型"列表框中选择需要的日期格式，如图 3-36 所示。

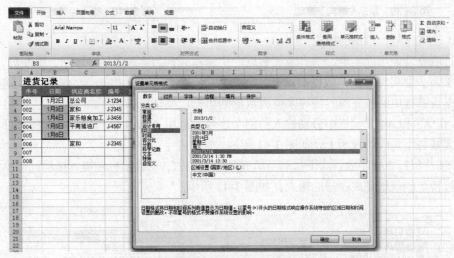

图 3-36　"设置单元格格式"对话框（4）

③ 单击"确定"按钮，则选中的单元格区域中的日期数据格式更改为指定的格式，如图 3-37 所示。

### 4．用填充功能批量输入

在工作表特定的区域中输入相同数据或是有一定规律的数据时，可以使用数据填充功能来快速输入。

（1）输入相同数据

具体操作步骤如下。

① 在单元格中输入第一个数据（如此处在 B3 单元格中输入"冠益乳"），将光标定位在单元格右下角的填充柄上，如图 3-38 所示。

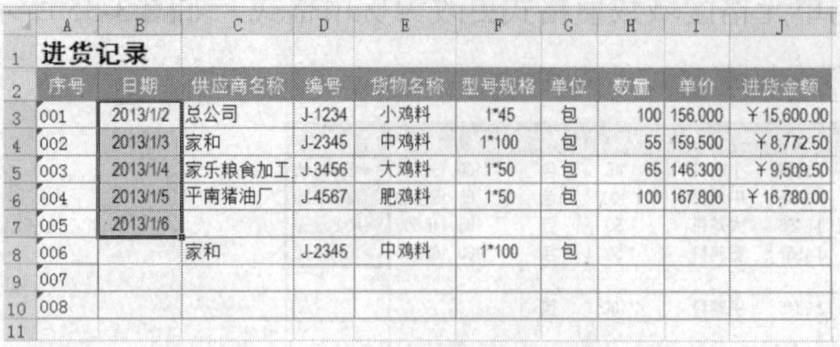

图 3-37　更改为指定的日期格式

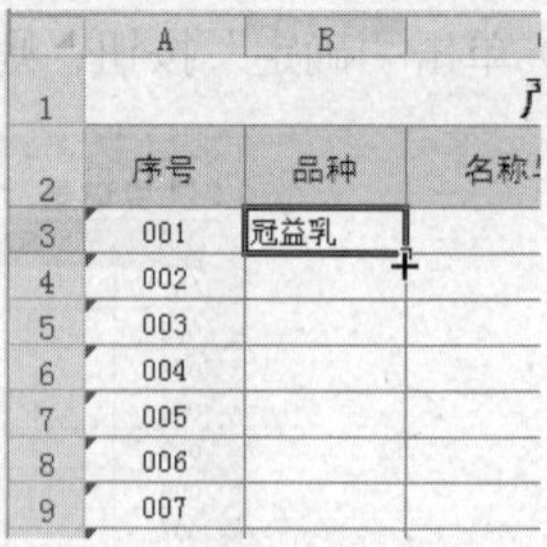

图 3-38　输入第一个数据

② 按住鼠标左键向下拖动（见图 3-39），释放鼠标后，可以看到拖动过的单元格上都填充了与 B3 单元格中相同的数据，如图 3-40 所示。

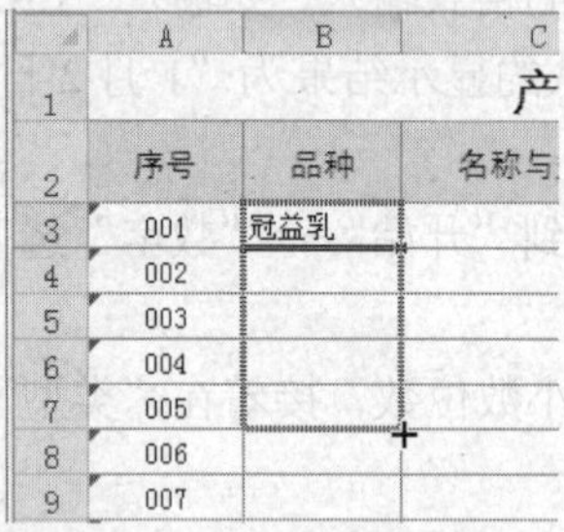

图 3-39　鼠标左键向下拖动

图 3-40　输入相同数据

（2）连续序号、日期的填充

通过填充功能可以实现一些有规则数据的快速输入，如输入序号、日期、星期数、月份、甲乙丙丁等。要实现有规律数据的填充，需要至少选择两个单元格来作为填充源，这样程序才能根据当前选中的填充源的规律来完成数据的填充。具体操作如下。

① 在 A3 和 A4 单元格中分别输入前两个序号。选中 A3:A4 单元格区域，将光标移至该单元格区域右下角的填充柄上，如图 3-41 所示。

② 按住鼠标左键不放，向下拖动至填充结束的位置，松开鼠标左键，拖动过的单元格区域中会按特定的规则完成序号的输入，如图 3-42 所示。

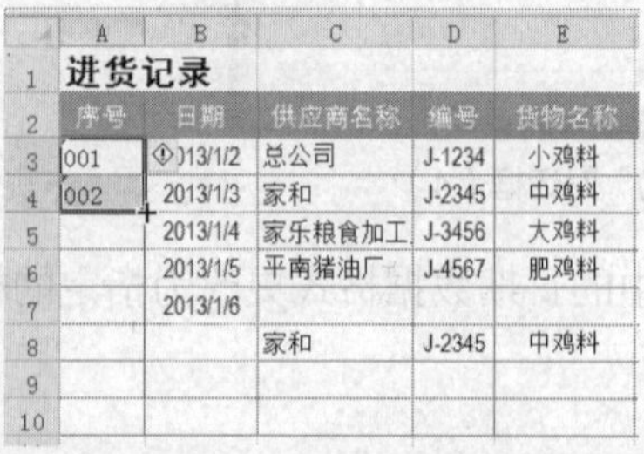

图 3-41　选中单元格

图 3-42　填充连续序号

③ 日期默认情况下会自动递增，因此要实现连续日期的填充，只需要输入第一个日期，然后按相同的方法向下填充即可实现连续日期的输入，如图 3-43 所示。

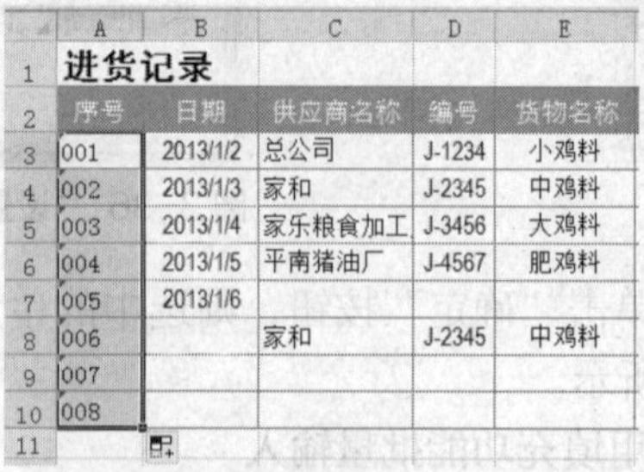

（3）不连续序号或日期的填充

如果数据是不连续显示的，也可以实现填充输入，其关键是要将填充源设置好。操作方法如下。

① 第 1 个序号是 001，第 2 个序号是 003，那么填充得到的就是 001、003、005、007…的效果，如图 3-44 所示。

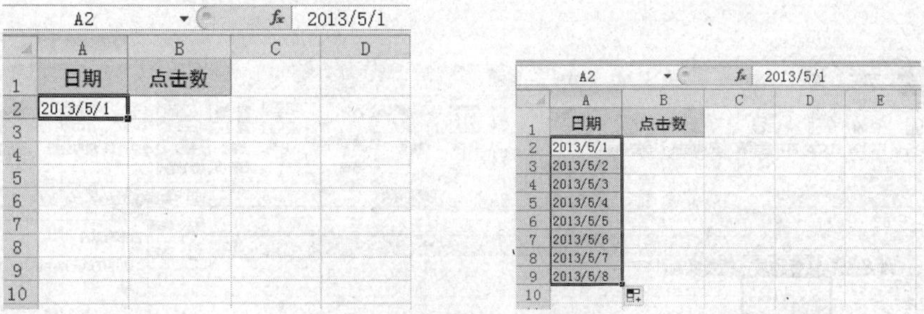

图 3-43　输入连续日期

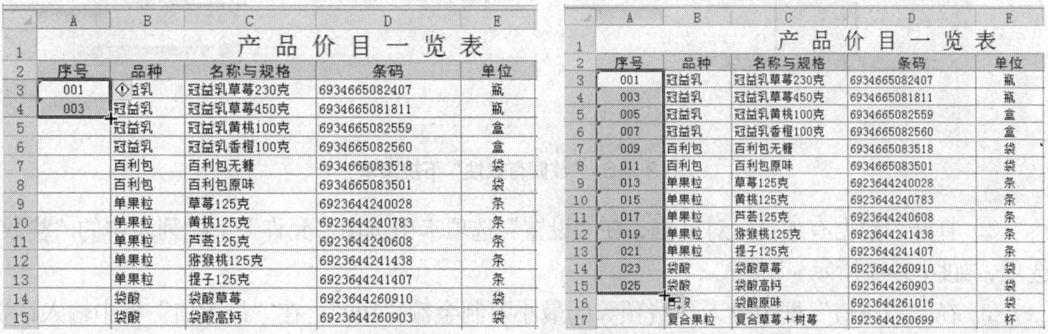

图 3-44　输入连续日期

② 第 1 个日期是 2013/5/1，第 2 个日期是 2013/5/4，那么填充得到的就是 2013/5/1、2013/5/4、2013/5/7、2013/5/10…的效果，如图 3-45 所示。

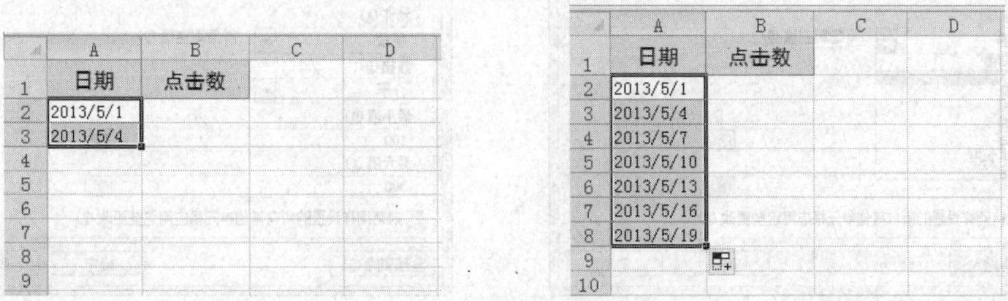

图 3-45　得到填充后的结果

# 实验五　数据有效性设置

## 一、实验目的

掌握数据有效性的设置方法，通过数据有效性可以建立一定的规则来限制向单元格中输入的内容，也可以有效地防止输错数据。

## 二、实验内容

### 1．设置数据有效性

工作表中"话费预算"列的数值为 100～300 元，这时可以设置"话费预算"列的数据有效性为大于 100 小于 300 的整数。具体操作步骤如下。

① 选中设置数据有效性的单元格区域，如 **B2:B9** 单元格区域，在"数据"→"数据工具"选项组中单击"数据有效性"下拉按钮，在下拉菜单中选择"数据有效性"命令，如图 3-46 所示。

图 3-46 "数据有效性"下拉菜单

② 打开"数据有效性"对话框，在"设置"选项卡中选中"允许"下拉列表中的"整数"选项，如图 3-47 所示。

③ 在"最小值"框中输入话费预算的最小限制金额"100"，在"最大值"框中输入话费预算的最大限制金额"300"，如图 3-48 所示。

图 3-47 "数据有效性"对话框（1）

图 3-48 "数据有效性"对话框（2）

④ 当在设置了数据有效性的单元格区域中输入的数值不在限制的范围内时，会弹出错误提示信息，如图 3-49 所示。

图 3-49 设置后的效果

### 2．设置鼠标指向时显示提示信息

通过数据有效性的设置，可以实现让鼠标指向时就显示提示信息，从而达到提示输入的目的。具体操作步骤如下。

① 选中设置数据有效性的单元格区域，在"数据"→"数据工具"选项组中单击"数据有效性"按钮，打开"数据有效性"对话框。

② 选择"输入信息"选项卡，在"标题"文本框中输入"请注意输入的金额"，在"输入信息"文本框中输入"请输入 100～300 之间的预算话费！！"，如图 3-50 所示。

③ 设置完成后，当光标移动到之前选中的单元格上时，会自动弹出浮动提示信息窗口，如图 3-51 所示。

图 3-50　"数据有效性"对话框（3）

图 3-51　设置后的效果

# 实验六　数据编辑与整理

## 一、实验目的

掌握 Excel 2010 的数据编辑与整理的功能，如移动数据、修改数据、复制粘贴数据，将表格中满足指定条件的数据以特殊的标记显示出来等。

## 二、实验内容

### 1．移动数据

要将已经输入到表格中的数据移动到新位置，需要先将原内容剪切，再粘贴到目标位置上，可以通过下面介绍的方法来实现。

① 打开工作表，选中需要移动的数据，按 Ctrl+X 组合键（剪切），如图 3-52 所示。

图 3-52　剪切数据

② 选择需要移动的位置，按 Ctrl+V 组合键（粘贴）即可将数据移动，如图 3-53 所示。

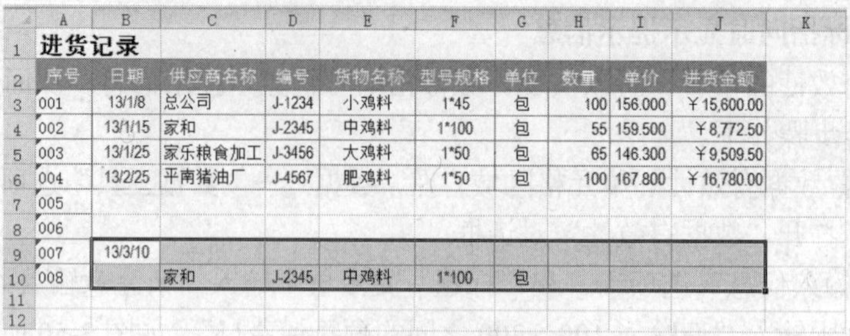

图 3-53　粘贴数据后的效果

### 2．修改数据

如果在单元格中输入了错误的数据，修改数据的方法有以下两种。

方法一：通过编辑栏修改数据。选中单元格，单击编辑栏，然后在编辑栏内修改数据。

方法二：在单元格内修改数据。双击单元格，出现光标后，在单元格内对数据进行修改。

### 3．复制数据

在表格编辑过程中，经常会出现在不同单元格中输入相同内容的情况，此时可以利用复制的方法以实现数据的快速输入。具体操作步骤如下。

① 打开工作表，选择要复制的数据，按 Ctrl+C 组合键复制，如图 3-54 所示。

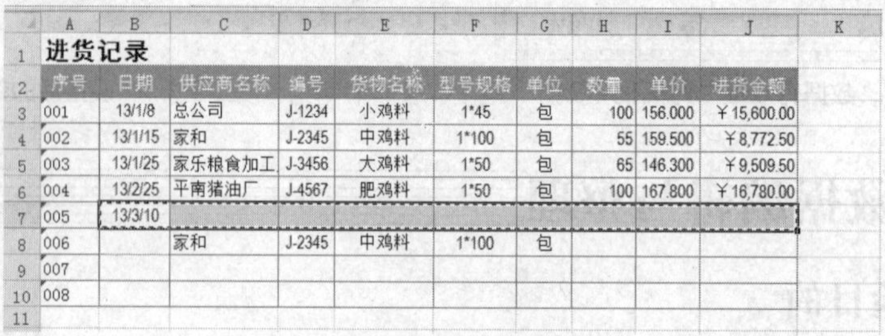

图 3-54　复制数据

② 选择需要复制数据的位置，按 Ctrl+V 组合键即可粘贴，如图 3-55 所示。

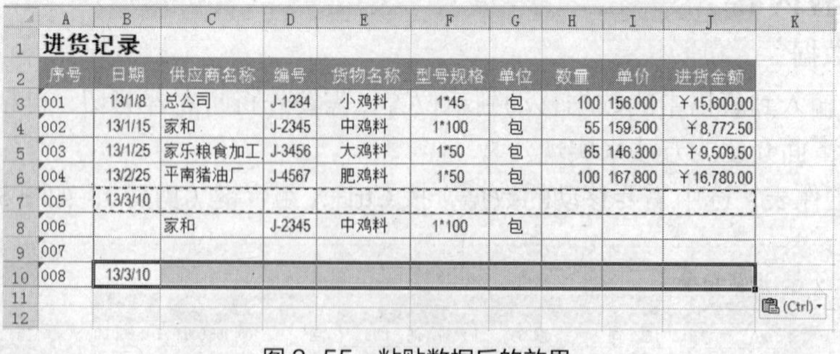

图 3-55　粘贴数据后的效果

### 4．突出显示员工工资大于 3 000 元的数据

在单元格格式中应用突出显示单元格规则时，可以设置满足某一规则的单元格突出显示出来，如大于或小于某一规则。下面介绍设置员工工资大于 3 000 元的数据以红色标记显示，具体操作如下。

① 选中显示成绩的单元格区域，在"开始"→"样式"选项组中单击 条件格式 按钮，在弹出的下拉菜单中可以选择条件格式，此处选择"突出显示单元格规则→大于"，如图 3-56 所示。

图 3-56 "条件格式"下拉菜单

② 弹出设置对话框,设置单元格值大于"3 000"显示为"红填充色深红色文本",如图 3-57 所示。

③ 单击"确定"按钮回到工作表中,可以看到所有分数大于 3 000 的单元格都显示为红色,如图 3-58 所示。

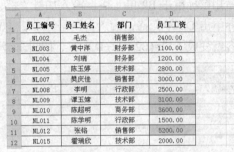

图 3-57 "大于"对话框

图 3-58 设置后的效果

### 5．使用数据条突出显示采购费用金额

在 Excel 2010 中,利用数据条功能可以非常直观地查看区域中数值的大小情况。下面介绍使用数据条突出显示采购费用金额。

① 选中 C 列中的库存数据单元格区域,在"开始"→"样式"选项组中单击 条件格式▾ 按钮,在弹出的下拉菜单中单击"数据条"子菜单,接着选择一种合适的数据条样式。

② 选择合适的数据条样式后,在单元格中就会显示出数据条,如图 3-59 所示。

图 3-59 设置后的效果

## 实验七 公式与函数使用

### 一、实验目的

公式和函数都是 Excel 进行计算的表达式，掌握公式输入、函数输入和常用函数的使用，可以轻松完成各种复杂的计算。

### 二、实验内容

#### 1. 输入公式

打开"员工考核表"工作簿，在"行政部"工作表中，利用公式计算出平均分。具体操作步骤如下。

① 启动 Excel 2010 应用软件，单击"文件"选项卡→"打开"命令，在弹出的"打开"对话框中选择"员工考核表"工作簿，单击"打开"按钮，如图 3-60 所示。

② 选定"行政部"工作表。把光标定位在 E2 单元格，先输入等号"="，输入左括号"("，然后用鼠标单击 B2 单元格，输入加号"+"，再用鼠标单击 C2 单元格，输入加号"+"，再用鼠标单击 D2 单元格，输入右括号")"，再输入除号"/"，输入除数"3"。这时 E2 单元格的内容就变成了"=(B2+C2+D2)/3"，按回车键，E2 单元格的内容变成了"81"，如图 3-61 所示。

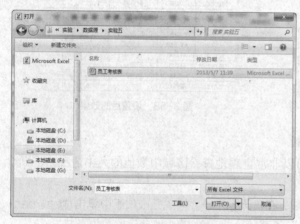

图 3-60 "打开"对话框

图 3-61 输入公式

③ 把光标放在 E2 单元格的右下角，出现十字填充柄的时候，按住鼠标左键向下拖动直到 E6 单元格，如图 3-62 所示。

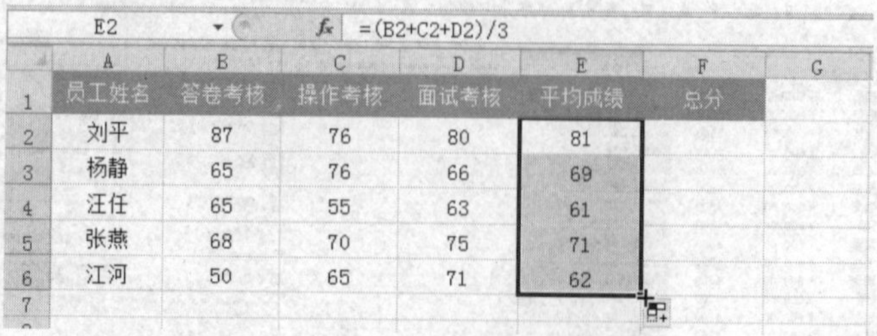

图 3-62 复制公式

#### 2. 输入函数

打开"员工考核表"工作簿，在"行政部"工作表中，利用函数计算出总分。具体操作步骤如下。

① 启动 Excel 2010 应用软件，单击"文件"选项卡→"打开"命令，在弹出的"打开"对话框中选择"员工考核表"工作簿，单击"打开"按钮。

② 选定"行政部"工作表。把光标定位在 F2 单元格，先输入等号"="，输入"SUM"函数，再输入左括号"（"，然后用鼠标单击 B2:D2 单元格区域，输入右括号"）"。这时 F2 单元格的内容就变成了"=SUM(B2:D2)"，按回车键，F2 单元格的内容变成了"243"，如图 3-63 所示。

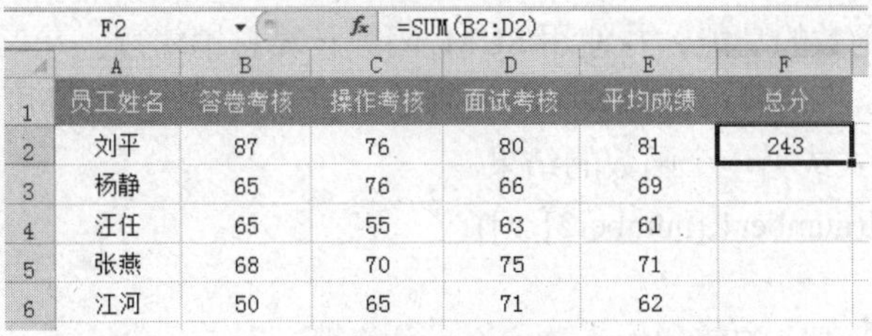

| | A | B | C | D | E | F |
|---|---|---|---|---|---|---|
| 1 | 员工姓名 | 答卷考核 | 操作考核 | 面试考核 | 平均成绩 | 总分 |
| 2 | 刘平 | 87 | 76 | 80 | 81 | 243 |
| 3 | 杨静 | 65 | 76 | 66 | 69 | |
| 4 | 汪任 | 65 | 55 | 63 | 61 | |
| 5 | 张燕 | 68 | 70 | 75 | 71 | |
| 6 | 江河 | 50 | 65 | 71 | 62 | |

F2 | =SUM(B2:D2)

图 3-63　输入函数

③ 把光标放在 F2 单元格的右下角，出现十字填充柄的时候，按住鼠标左键向下拖动直到 F6 单元格，如图 3-64 所示。

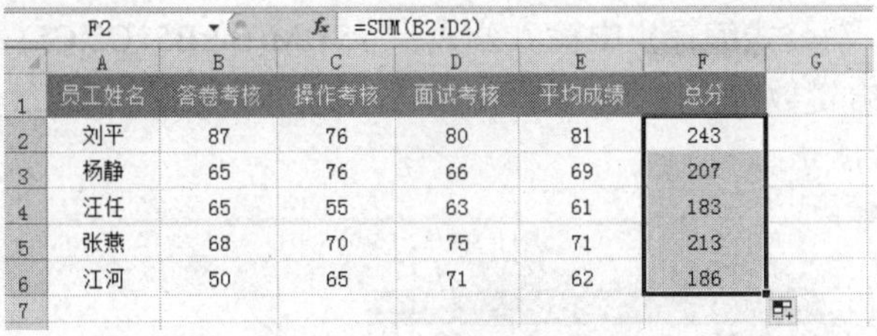

| | A | B | C | D | E | F | G |
|---|---|---|---|---|---|---|---|
| 1 | 员工姓名 | 答卷考核 | 操作考核 | 面试考核 | 平均成绩 | 总分 | |
| 2 | 刘平 | 87 | 76 | 80 | 81 | 243 | |
| 3 | 杨静 | 65 | 76 | 66 | 69 | 207 | |
| 4 | 汪任 | 65 | 55 | 63 | 61 | 183 | |
| 5 | 张燕 | 68 | 70 | 75 | 71 | 213 | |
| 6 | 江河 | 50 | 65 | 71 | 62 | 186 | |
| 7 | | | | | | | |

F2 | =SUM(B2:D2)

图 3-64　复制公式

### 3．常用函数应用

（1）IF 函数的使用

下面介绍 IF 函数的功能，并使用 IF 函数根据员工的销售量进行行业业绩考核。

函数功能：如果指定条件的计算结果为 TRUE，IF 函数将返回某个值；如果该条件的计算结果为 FALSE，则返回另一个值。例如，如果 A1 大于 10，公式"=IF(A1>10,"大于 10","不大于 10")"将返回"大于 10"，如果 A1 小于等于 10，则返回"不大于 10"。

函数语法：IF(logical_test, [value_if_true], [value_if_false])

参数解释：

&#9753;　logical_test：必需。计算结果可能为 TRUE 或 FALSE 的任意值或表达式。

&#9753;　value_if_true：可选。logical_test 参数的计算结果为 TRUE 时所要返回的值。

&#9753;　value_if_false：可选。logical_test 参数的计算结果为 FALSE 时所要返回的值。

对员工本月的销售量进行统计后，作为主管人员可以对员工的销量业绩进行业绩考核，这里可以使用 IF 函数来实现。

① 选中 F2 单元格，在公式编辑栏中输入公式："=IF(E2<=5,"差",IF(E2>5,"良",""))"，按回车键即可对员工的业绩进行考核。

② 将光标移到 F2 单元格的右下角，光标变成十字形状后，按住鼠标左键向下拖动进行公式填充，即可得出其他员工业绩考核结果，如图 3-65 所示。

图 3-65　员工业绩考核结果

（2）SUM 函数的使用

下面介绍 SUM 函数的功能，并使用 SUM 函数计算总销售额。

函数功能：SUM 将用户指定为参数的所有数字相加。每个参数都可以是区域、单元格引用、数组、常量、公式或另一个函数的结果。

函数语法：SUM(number1,[number2],...])

参数解释：

↺　number1：必需。想要相加的第一个数值参数。

↺　number2,...：可选。想要相加的 2～255 个数值参数。

在统计了每种产品的销售量与销售单价后，可以直接使用 SUM 函数统计出这一阶段的总销售额。

选中 B8 单元格，在公式编辑栏中输入公式："=SUM(B2:B5*C2:C5)"，按 Ctrl+Shift+Enter 组合键（必须按此组合键数组公式才能得到正确结果），即可通过销售数量和销售单价计算出总销售额，如图 3-66 所示。

|  | A | B | C | D | E | F |
|---|---|---|---|---|---|---|
| 1 | 产品名称 | 销售数量 | 单价 | | | |
| 2 | 沙滩鞋 | 20 | 216 | | | |
| 3 | 徒步鞋 | 60 | 228 | | | |
| 4 | 攀岩鞋 | 123 | 192 | | | |
| 5 | 登山鞋 | 68 | 235 | | | |
| 6 | | | | | | |
| 7 | | | | | | |
| 8 | 总销售额 | 57596 | | | | |

*fx* {=SUM(B2:B5*C2:C5)}

图 3-66　计算总销售额

（3）SUMIF 函数的使用

下面介绍 SUMIF 函数的功能，并使用 SUMIF 函数统计各部门工资总额。

函数功能：SUMIF 函数可以对区域（区域：工作表上的两个或多个单元格。区域中的单元格可以相邻或不相邻）中符合指定条件的值求和。

函数语法：SUMIF(range, criteria, [sum_range])

参数解释：

↺　range：必需。用于条件计算的单元格区域。每个区域中的单元格都必须是数字或名称、数组或包含数字的引用。空值和文本值将被忽略。

↺　criteria：必需。用于确定对哪些单元格求和的条件，其形式可以为数字、表达式、单元格引用、文本或函数。

↺　sum_range：可选。要求和的实际单元格（如果要对未在 range 参数中指定的单元格求和）。如果 sum_range 参数被省略，Excel 会对在 range 参数中指定的单元格（即应用条件的单元格）求和。

如果要按照部门统计工资总额，可以使用 SUMIF 函数来实现。

① 选中 C10 单元格，在公式编辑栏中输入公式："=SUMIF(B2:B8,"业务部",C2:C8)"，按回车键即可统计出"业务部"的工资总额，如图 3-67 所示。

② 选中 C11 单元格，在公式编辑栏中输入公式："=SUMIF(B3:B9,"财务部",C3:C9)"，按回车键即可统计出"财务部"的工资总额，如图 3-68 所示。

图 3-67 "业务部"的工资总额　　　　　　图 3-68 "财务部"的工资总额

（4）AVEDEV 函数的使用

下面介绍 AVERAGE 函数的使用，并使用 AVERAGE 函数求平均值时忽略计算区域中的 0 值。

函数功能：AVERAGE 函数用于返回参数的平均值（算术平均值）。

函数语法：AVERAGE(number1, [number2], ...)

参数解释：

↘　number1：必需。要计算平均值的第一个数字、单元格引用或单元格区域。

↘　number2, ... ：可选。要计算平均值的其他数字、单元格引用或单元格区域，最多可包含 255 个。

当需要求平均值的单元格区域中包含 0 值时，它们也将参与求平均值的运算。如果想排除该区域中的 0 值，可以按如下方法设置公式。

选中 B9 单元格，在编辑栏中输入公式："=AVERAGE(IF(B2:B7<>0,B2:B7))"，同时按 Ctrl+Shift+Enter 组合键，即可忽略 0 值求平均值，如图 3-69 所示。

（5）COUNT 函数的使用

下面介绍 COUNT 函数的功能，并使用 COUNT 函数统计销售记录条数。

图 3-69 计算平均分数

函数功能：COUNT 函数用于计算包含数字的单元格以及参数列表中数字的个数。使用函数 COUNT 可以获取区域或数字数组中数字字段的输入项的个数。

函数语法：COUNT(value1, [value2], ...)

参数解释：

↘　value1：必需。要计算其中数字的个数的第一个项、单元格引用或区域。

↘　value2, ... ：可选。要计算其中数字的个数的其他项、单元格引用或区域，最多可包含 255 个。

C12 =COUNT(A2:C10)

| | A | B | C | D | E |
|---|---|---|---|---|---|
| 1 | 销售员 | 品名 | 销售数量 | | |
| 2 | 王荣 | 电视 | 422 | | |
| 3 | 葛丽 | 电视 | 418 | | |
| 4 | 夏慧 | 空调 | 512 | | |
| 5 | 王涛 | 微波炉 | 385 | | |
| 6 | 李纪洋 | 空调 | 482 | | |
| 7 | 王磊 | 洗衣机 | 368 | | |
| 8 | 周国菊 | 空调 | 458 | | |
| 9 | 高龙宝 | 洗衣机 | 418 | | |
| 10 | 徐莹 | 空调 | 180 | | |
| 11 | | | | | |
| 12 | 统计销售记录条数: | | 9 | | |

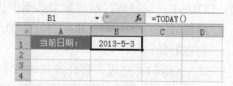

图 3-70　统计销售记录条数

在员工产品销售数据统计报表中，统计记录的销售记录的销售记录条数的方法如下：

选中 C12 单元格，在公式编辑栏中输入公式：“=COUNT(A2:C10)”，按回车键即可统计出销售记录条数为“9”，如图 3-70 所示。

（6）MAX 函数的使用

下面介绍 MAX 函数的功能，并使用 MAX 函数统计最高销售量。

函数功能：MAX 函数表示返回一组值中的最大值。

函数语法：MAX(number1, [number2], ...)

参数解释：

- number1, number2, ...：number1 是必需的，后续数值是可选的。这些是要从中找出最大（小）值的 1～255 个数字参数。

可以使用 MAX 函数返回最高销售量。

选中 B6 单元格，在公式编辑栏中输入公式：“=MAX(B2:E4)”，按回车键即可返回 B2:E4 单元格区域中最大值，如图 3-71 所示。

B6 =MAX(B2:E4)

| | A | B | C | D | E | F |
|---|---|---|---|---|---|---|
| 1 | 月份 | 滨湖店 | 新亚店 | 淝滨店 | 观前店 | |
| 2 | 1月 | 400 | 380 | 280 | 190 | |
| 3 | 2月 | 200 | 468 | 265 | 290 | |
| 4 | 3月 | 480 | 265 | 180 | 288 | |
| 5 | | | | | | |
| 6 | 最高销量 | 480 | | | | |
| 7 | 最低销量 | | | | | |

图 3-71　统计最高销售量

（7）MIN 函数的使用

下面介绍 MIN 函数的功能，并使用 MIN 函数统计最低销售量。

函数功能：MIN 函数表示返回一组值中的最小值。

函数语法：MIN(number1, [number2], ...)

参数解释：

- number1, number2, ...：number1 是必需的，后续数值是可选的。这些是要从中找出最大（小）值的 1～255 个数字参数。

B7 =MIN(B2:E4)

| | A | B | C | D | E | F |
|---|---|---|---|---|---|---|
| 1 | 月份 | 滨湖店 | 新亚店 | 淝滨店 | 观前店 | |
| 2 | 1月 | 400 | 380 | 280 | 190 | |
| 3 | 2月 | 200 | 468 | 265 | 290 | |
| 4 | 3月 | 480 | 265 | 180 | 288 | |
| 5 | | | | | | |
| 6 | 最高销量 | 480 | | | | |
| 7 | 最低销量 | 180 | | | | |

图 3-72　统计最低销售量

可以使用 MIN 函数返回最低销售量。

选中 B7 单元格，在公式编辑栏中输入公式：“=MIN(B2:E4)”，按回车键即可返回 B2:E4 单元格区域中的最小值，如图 3-72 所示。

（8）TODAY 函数的使用

下面介绍 TODAY 函数的功能，并使用 TODAY 函数显示出当前日期。

函数功能：TODAY 返回当前日期的序列号。

函数语法：TODAY()

参数解释：

- TODAY：函数语法没有参数。

要想在单元格中显示出当前日期，可以使用 TODAY 函数来实现。

B1 =TODAY()

| | A | B | C | D |
|---|---|---|---|---|
| 1 | 当前日期: | 2013-5-3 | | |
| 2 | | | | |
| 3 | | | | |
| 4 | | | | |

图 3-73　显示出当前日期

选中 B2 单元格，在公式编辑栏中输入公式：“=TODAY()”，按回车键即可显示当前的日期，如图 3-73 所示。

(9) DAY 函数的使用

下面介绍 DAY 函数的功能，并使用 DAY 函数返回任意日期对应的当月天数。

函数功能：DAY 表示返回以序列号表示的某日期的天数，用整数 1～31 表示。

函数语法：DAY(serial_number)

参数解释：

- serial_number：必需。要查找的那一天的日期。应使用 DATE 函数输入日期，或者将日期作为其他公式或函数的结果输入。

返回任意日期对应的当月天数的方法如下：

① 选中 B2 单元格，在公式编辑栏中输入公式："=DAY(A2)"，按回车键即可根据指定的日期返回日期对应的当月天数。

② 将光标移到 B2 单元格的右下角，光标变成十字形状后，按住鼠标左键向下拖动进行公式填充，即可根据其他指定日期得到其在当月的天数，如图 3-74 所示。

B2 =DAY(A2)

| | A | B | C | D |
|---|---|---|---|---|
| 1 | 任意日期 | 返回当月天数 | | |
| 2 | 2013/5/20 | 20 | | |
| 3 | 2013/8/8 | 8 | | |
| 4 | 2013/10/18 | 18 | | |
| 5 | | | | |
| 6 | | | | |

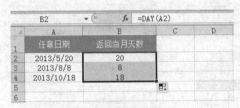

图 3-74　返回任意日期对应的当月天数

(10) LEFT 函数的使用

下面介绍 LEFT 函数的功能，并使用 LEFT 函数快速生成对客户的称呼。

函数功能：LEFT 根据所指定的字符数，LEFT 返回文本字符串中第一个字符或前几个字符。

函数语法：LEFT(text, [num_chars])

参数解释：

- text：必需。包含要提取的字符的文本字符串。
- num_chars：可选。指定要由 LEFT 提取的字符的数量。

公司接待员每天都需要记录来访人员的姓名、性别、所在单位等信息，当需要在来访记录表中获取各来访人员的具体称呼时，可以使用 LEFT 函数来实现。

① 选中 D2 单元格，在公式编辑栏中输入公式："=C2&LEFT(A2,1)&IF(B2="男","先生","女士")"，按回车键即可自动生成对第一位来访人员的称呼"合肥燕山王先生"。

② 将光标移到 D2 单元格的右下角，光标变成十字形状后，按住鼠标左键向下拖动进行公式填充，即可自动生成其他来访人员的具体称呼，如图 3-75 所示。

D2 =C2&LEFT(A2,1)&IF(B2="男","先生","女士")

| | A | B | C | D | E | F | G |
|---|---|---|---|---|---|---|---|
| 1 | 姓名 | 性别 | 所在单位 | 称呼 | | | |
| 2 | 王水 | 男 | 合肥燕山 | 合肥燕山王先生 | | | |
| 3 | 彭倩 | 女 | 中国移动 | 中国移动彭女士 | | | |
| 4 | 张丹丹 | 女 | 中国联通 | 中国联通张女士 | | | |
| 5 | 李圆圆 | 女 | 环保局 | 环保局李女士 | | | |
| 6 | 沈心 | 女 | 教育局 | 教育局沈女士 | | | |
| 7 | 郑强 | 男 | 中国电信 | 中国电信郑先生 | | | |
| 8 | | | | | | | |

图 3-75　生成对客户的称呼

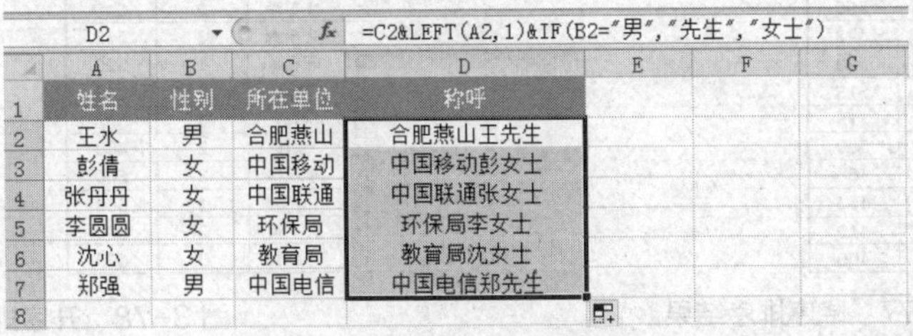

# 实验八　数据处理与分析

## 一、实验目的

掌握 Excel 数据处理与分析的方法，包括数据排序、数据绍兴、分类汇总等。

## 二、实验内容

### 1．数据排序

利用排序功能可以将数据按照一定的规律进行排序。

（1）按单个条件排序

当前表格中统计了各班级学生的成绩，下面通过排序可以快速查看最高分数。

① 将光标定位在"总分"列任意单元格中，如图 3-76 所示。

图 3-76　单击"降序"按钮

② 在"数据"→"排序和筛选"选项组中单击"降序"按钮。可以看到表格中的数据按总分从大到小自动排列，如图 3-77 所示。

③ 将光标定位在"总分"列任意单元格中，在"数据"菜单下的"排序和筛选"选项组中单击"升序"按钮。可以看到表格中数据按总分从小到大自动排列，如图 3-78 所示。

| 姓名 | 班级 | 总分 |
|---|---|---|
| 叶琳 | 2 | 670 |
| 张一水 | 2 | 620 |
| 侯淼 | 1 | 603 |
| 徐磊 | 2 | 600 |
| 邓淼林 | 3 | 600 |
| 李洁 | 3 | 555 |
| 张兴 | 1 | 543 |
| 陈春华 | 1 | 520 |
| 黄平洋 | 2 | 515 |
| 张伊琳 | 3 | 515 |
| 蔡言言 | 3 | 500 |
| 刘平 | 1 | 465 |
| 刘晓俊 | 1 | 453 |
| 陈永春 | 1 | 410 |
| 高丽 | 2 | 400 |

图 3-77　降序排序结果

| 姓名 | 班级 | 总分 |
|---|---|---|
| 高丽 | 2 | 400 |
| 陈永春 | 1 | 410 |
| 刘晓俊 | 1 | 453 |
| 刘平 | 1 | 465 |
| 蔡言言 | 3 | 500 |
| 黄平洋 | 2 | 515 |
| 张伊琳 | 3 | 515 |
| 陈春华 | 1 | 520 |
| 张兴 | 1 | 543 |
| 李洁 | 3 | 555 |
| 徐磊 | 2 | 600 |
| 邓淼林 | 3 | 600 |
| 侯淼 | 1 | 603 |
| 张一水 | 2 | 620 |
| 叶琳 | 2 | 670 |

图 3-78　升序排序结果

（2）按多个条件排序

双关键字排序用于当按第一个关键字排序出现重复记录再按第二个关键字排序的情况下。例如在本例中，可以先按"班级"进行排序，然后再根据"总分"进行排序，从而方便查看同一班级中的分数排序情况。

① 选中表格编辑区域任意单元格，在"数据"→"排序和筛选"选项组中单击"排序"按钮，打开"排序"对话框。

② 在"主要关键字"下拉列表中选择"班级"，在"次序"下拉列表中可以选择"升序"或"降序"，如图 3-79 所示。

图 3-79 设置主要关键字

③ 单击"添加条件"按钮，在列表中添加"次要关键字"，如图 3-80 所示。

图 3-80 添加"次要关键字"

④ 在"次要关键字"下拉列表中选择"总分"，在"次序"下拉列表中选择"降序"，如图 3-81 所示。

⑤ 设置完成后，单击"确定"按钮可以看到表格中首先按"班级"升序排序，对于同一班级的记录，又按"总分"降序排序，如图 3-82 所示。

图 3-81 设置次要关键字

图 3-82 排序结果

## 2．数据筛选

数据筛选常用于对数据库的分析。通过设置筛选条件，可以快速查看数据库中满意特定条件的记录。

（1）自动筛选

添加自动筛选功能后，下面可以筛选出符合条件的数据。

① 选中表格编辑区域任意单元格，在"数据"→"排序和筛选"选项组中单击"筛选"按钮，则可以在表格所有列标识上添加筛选下拉按钮，如图3-83所示。

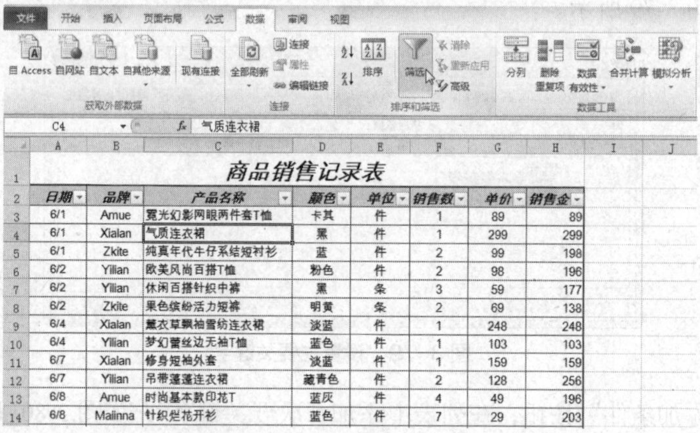

图3-83　添加筛选下拉按钮

② 单击要进行筛选的字段右侧的 ▼ 按钮，如此处单击"品牌"标识右侧的 ▼ 按钮，可以看到下拉菜单中显示了所有品牌。

③ 取消"全选"复选框，选中要查看的某个品牌，此处选中"Chunji"，如图3-84所示。

图3-84　选中"Chunji"品牌

④ 单击"确定"按钮即可筛选出这一品牌商品的所有销售记录，如图3-85所示。

（2）筛选单笔销售金额大于5 000元的记录

在销售数据表中一般会包含很多条记录，如果只想查看单笔销售金额大于5 000元的记录，可以直接将这些记录筛选出来。

① 在"数据"→"排序和筛选"选项组中单击"筛选"按钮，添加自动筛选。

② 单击"金额"列标识右侧下拉按钮，在下拉菜单中鼠标依次指向"数字筛选"→"大

于"，如图 3-86 所示。

| 日期 | 品牌 | 产品名称 | 颜色 | 单位 | 销售数 | 单价 | 销售金 |
|---|---|---|---|---|---|---|---|
| 商品销售记录表 | | | | | | | |
| 6/10 | Chunji | 假日质感珠绣层叠吊带衫 | 草绿 | 件 | 1 | 99 | 99 |
| 6/13 | Chunji | 宽松舒适五分牛仔裤 | 蓝 | 条 | 1 | 199 | 199 |
| 6/15 | Chunji | 宽松舒适五分牛仔裤 | 蓝 | 条 | 2 | 199 | 398 |
| 6/15 | Chunji | 假日质感珠绣层叠吊带衫 | 黑色 | 件 | 1 | 99 | 99 |

图 3-85 筛选结果

图 3-86 设置数字筛选

③ 在打开的对话框中设置条件为"大于"→"5000"，如图 3-87 所示。

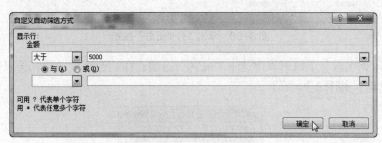

图 3-87 "大于"对话框

④ 单击"确定"按钮即可筛选出满足条件的记录，如图 3-88 所示。

| 产品编 | 产品型 | 单位 | 数量 | 单价 | 金额 |
|---|---|---|---|---|---|
| 销 售 数 据 表 | | | | | |
| JD002 | 11DIL MC | 个 | 156 | 33.50 | 5226.00 |
| DY007 | 香港 50*50 | 个 | 132 | 46.00 | 6072.00 |
| DX006 | 2*0.3mm² | 卷 | 50 | 115.00 | 5750.00 |
| AN001 | 罗光穆勒L | 个 | 750 | 7.30 | 5475.00 |
| AN002 | 罗光穆勒L | 个 | 700 | 7.70 | 5390.00 |

图 3-88 筛选结果

### 3. 分类汇总

要统计出各个品牌商品的销售金额合计值，则首先要按"品牌"字段进行排序，然后进行分类汇总设置。

① 选中"品牌"列中的任意单元格，单击"数据"→"排序和筛选"选项组中的"升序"按钮进行排序，如图 3-89 所示。

图 3-89 单击"升序"按钮

② 在"数据"→"分级显示"选项组中单击"分类汇总"按钮（见图 3-90），打开"分类汇总"对话框。

图 3-90 单击"分类汇总"按钮

③ 在"分类字段"下拉列表中选中"品牌"选项；在"选定汇总项"列表框中选中"销售金额"复选框，如图 3-91 所示。

图 3-91 "分类汇总"对话框

④ 设置完成后，单击"确定"按钮，即可将表格中以"品牌"排序后的销售记录进行分类汇总，并显示分类汇总后的结果（汇总项为"销售金额"），如图 3-92 所示。

| 1 2 3 | | A | B | C | D | E | F | G | H | I |
|---|---|---|---|---|---|---|---|---|---|---|
| | 1 | | | | 商品销售记录表 | | | | | |
| | 2 | 日期 | 品牌 | 产品名称 | 颜色 | 单位 | 销售数量 | 单价 | 销售金额 | |
| | 3 | 6/1 | Amue | 霓光幻影网眼两件套T恤 | 卡其 | 件 | 1 | 89 | 89 | |
| | 4 | 6/8 | Amue | 时尚基本款印花T | 蓝灰 | 件 | 4 | 49 | 196 | |
| | 5 | 6/9 | Amue | 霓光幻影网眼两件套T恤 | 白色 | 件 | 3 | 89 | 267 | |
| | 6 | 6/10 | Amue | 华丽蕾丝亮面衬衫 | 黑白 | 件 | 1 | 259 | 259 | |
| | 7 | 6/10 | Amue | 时尚基本款印花T | 蓝灰 | 件 | 5 | 49 | 245 | |
| | 8 | 6/11 | Amue | 花园派对绣花衬衫 | 白色 | 件 | 2 | 59 | 118 | |
| | 9 | | **Amue 汇总** | | | | | | 1174 | |
| | 10 | 6/10 | Chunji | 假日质感珠绣层叠吊带衫 | 草绿 | 件 | 1 | 99 | 99 | |
| | 11 | 6/13 | Chunji | 宽松舒适五分牛仔裤 | 蓝 | 条 | 1 | 199 | 199 | |
| | 12 | 6/15 | Chunji | 宽松舒适五分牛仔裤 | 蓝 | 条 | 2 | 199 | 398 | |
| | 13 | 6/15 | Chunji | 假日质感珠绣层叠吊带衫 | 黑色 | 件 | 1 | 99 | 99 | |
| | 14 | | **Chunji 汇总** | | | | | | 795 | |
| | 15 | 6/8 | Maiinna | 针织烂花开衫 | 蓝色 | 件 | 7 | 29 | 203 | |
| | 16 | 6/9 | Maiinna | 不规则蕾丝外套 | 白色 | 件 | 3 | 99 | 297 | |
| | 17 | 6/15 | Maiinna | 不规则蕾丝外套 | 白色 | 件 | 1 | 99 | 99 | |
| | 18 | 6/16 | Maiinna | 印花雪纺连衣裙 | 印花 | 件 | 1 | 149 | 149 | |
| | 19 | 6/16 | Maiinna | 针织烂花开衫 | 蓝色 | 件 | 5 | 29 | 145 | |
| | 20 | | **Maiinna 汇总** | | | | | | 893 | |

图 3-92　分类汇总结果

# 实验九　图表操作

## 一、实验目的

掌握在 Excel 2010 中创建图表和编辑图表的方法，在表格中输入数据后，可以使用图表显示数据特征。

## 二、实验内容

### 1．创建图表

下面创建柱形图来比较各月份各品牌的销售利润，具体操作步骤如下。

① 选中 A2:G9 单元格区域，切换到"插入"→"图表"选项组，单击"柱形图"按钮打开下拉菜单，如图 3-93 所示。

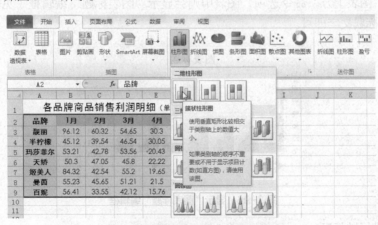

图 3-93　"簇状柱形图"子图表类型

② 单击"簇状柱形图"子图表类型，即可新建图表，如图 3-94 所示。图表一方面可以显示各个月份的销售利润，另一方面也可以对各个月份中不同品牌产品的利润进行比较。

### 2．添加标题

图表标题用于表达图表反映的主题。有些图表默认不包含标题框，此时需要添加标题框并输入图表标题；或者有的图表默认包含标题框，也需要重新输入标题文字才能表达图表主题。

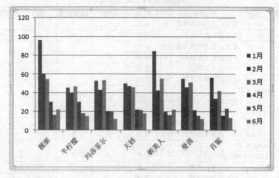

图 3-94 创建柱形图效果

① 选中默认建立的图表，切换到"图表工具"→"布局"菜单，单击"图表标题"按钮展开下拉菜单，如图 3-95 所示。

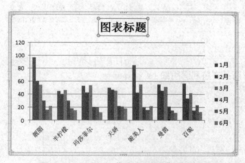

图 3-95 "图表标题"下拉菜单

② 单击"图表上方"命令选项，图表中则会显示"图表标题"编辑框（见图 3-96），在标题框中输入标题文字即可。

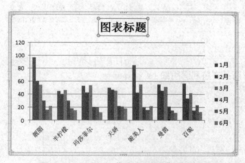

图 3-96 显示"图表标题"编辑框

### 3．添加坐标轴标题

坐标轴标题用于对当前图表中的水平轴与垂直轴表达的内容作出说明。默认情况下不含坐标轴标题，如需使用需要再添加。

① 选中图表，切换到"图表工具"→"布局"菜单，单击"坐标轴标题"按钮。根据实际需要选择添加的标题类型，此处选择"主要纵坐标轴标题→竖排标题"，如图 3-97 所示。

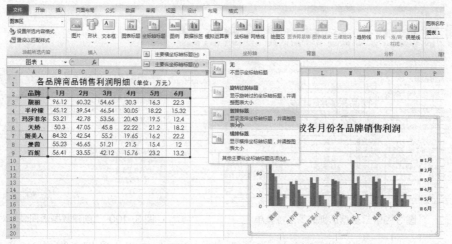

图 3-97 "坐标轴标题"下拉菜单

② 图表中则会添加"坐标轴标题"编辑框（见图 3-98），在编辑框中输入标题名称。

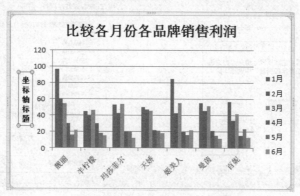

图 3-98 添加"坐标轴标题"编辑框

# 实验十 数据透视表操作

## 一、实验目的

掌握 Excel 2010 数据透视表的基本操作，数据透视表是表格数据分析过程中一个必不可少的工具。

## 二、实验内容

### 1．创建数据透视表

数据透视表的创建是基于已经建立好的数据表而建立的，具体操作步骤如下。

① 打开数据表，选中数据表中任意单元格。切换到"插入"选项卡，单击"数据透视表"→"数据透视表"命令，如图 3-99 所示。

② 打开"创建数据透视表"对话框，在"选择一个表或区域"框中显示了当前要建立为数据透视表的数据源（默认情况下将整张数据表作为建立数据透视表的数据源），如图 3-100 所示。

图 3-99 "数据透视表"下拉菜单　　　　　　图 3-100 "创建数据透视表"对话框

③ 单击"确定"按钮即可新建一张工作表，该工作表即为数据透视表，如图 3-101 所示。

图 3-101　创建数据透视表后结果

### 2．更改数据源

在创建了数据透视表后，如果需要重新更改数据源，不需要重新建立数据透视表，可以直接在当前数据透视表中重新更改数据源即可。

① 选中当前数据透视表，切换到"数据透视表工具"→"选项"菜单下，单击"更改数据源"按钮，在下拉菜单中单击"更改数据源"命令，如图 3-102 所示。

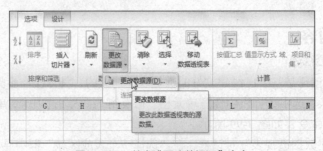

图 3-102　单击"更改数据源"命令

② 打开"更改数据透视表数据源"对话框，单击"选择一个表或区域"右侧的按钮回到工作表中重新选择数据源即可，如图 3-103 所示。

图 3-103 "更改数据透视表数据源"对话框

### 3. 添加字段

默认建立的数据透视表只是一个框架,要得到相应的分析数据,则要根据实际需要合理地设置字段。不同的字段布局其统计结果各不相同,因此首先要学会如何根据统计目的设置字段。下面统计不同类别物品的采购总金额。

① 建立数据透视表并选中后,窗口右侧可出现"数据透视表字段列表"任务窗格。在字段列表中选中"物品分类"字段,按住鼠标将字段拖至下面的"行标签"框中释放鼠标,即可设置"物品分类"字段为行标签,如图 3-104 所示。

图 3-104 设置行标签后的效果

② 按相同的方法添加"采购总额"字段到"数值"列表中,此时可以看到数据透视表中统计出了不同类别物品的采购总价,如图 3-105 所示。

图 3-105 添加数值后的效果

### 4. 更改默认的汇总方式

当设置了某个字段为数值字段后,数据透视表会自动对数据字段中的值进行合并计算。其默认的计算方式为数据字段使用 SUM 函数(求和),文本的数据字段使用 COUNT 函数(求和)。如果想得到其他的计算结果,如求最大最小值、求平均值等,则需要修改对数值字段中值的合并计算类型。

例如,当前数据透视表中的数值字段为"采购总价"且其默认汇总方式为求和,现在要将数值字段的汇总方式更改为求最大值。具体操作步骤如下。

① 在"数值"列表框中选中要更改其汇总方式的字段，打开下拉菜单，选择"值字段设置"选项，如图 3-106 所示。

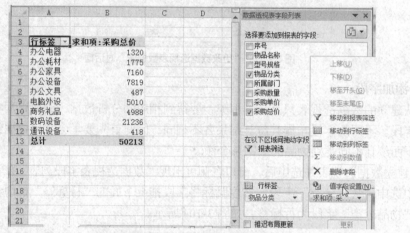

图 3-106　选择"值字段设置"命令

② 打开"值字段设置"对话框。选择"值汇总方式"标签，在"计算类型"列表框中可以选择汇总方式，"计算类型"列表框此处选择"最大值"，如图 3-107 所示。

③ 单击"确定"按钮即可更改默认的求和汇总方式为求最大值，如图 3-108 所示。

图 3-107　"值字段设置"对话框　　　　图 3-108　更改汇总方式后的效果

# 实验十一　表格安全设置

## 一、实验目的

在完成财务报表的编辑后，为了避免其中数据遭到破坏，要学会使用数据保护功能对报表或工作簿进行保护，以提高数据安全性。

## 二、实验内容

### 1. 保护当前工作表

设置对工作表保护后，工作表中的内容为只读状态，无法进行更改，可以通过下面的操作来实现。

① 切换到要保护的工作表中，在"审阅"→"更改"选项组中单击"保护工作表"按钮（见图 3-109），打开"保护工作表"对话框。

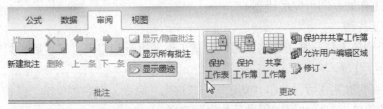

图 3-109 单击"保护工作表"按钮

② 在"取消工作表保护时使用的密码"文本框中，输入工作表保护密码，如图 3-110 所示。

③ 单击"确定"按钮，提示输入确认密码，如图 3-111 所示。

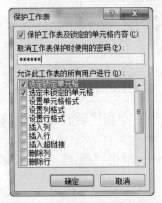

图 3-110 "保护工作表"对话框

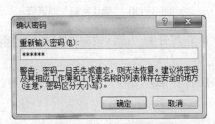

图 3-111 输入确认密码

④ 设置完成后，单击"确定"按钮。当再次打开该工作表时，即提示文档已被保护，无法修改，如图 3-112 所示。

图 3-112 提示对话框

## 2．保护工作簿的结构不被更改

① 在"审阅"→"更改"选项组中单击"保护工作簿"按钮，如图 3-113 所示。

② 打开"保护结构和窗口"对话框，选中"结构"和"窗口"复选框，在"密码"文本框中输入密码，如图 3-114 所示。

图 3-113 单击"保护工作簿"按钮

图 3-114 "保护结构和窗口"对话框

③ 单击"确定"按钮，接着在打开的"确认密码"对话框中重新输入一遍密码，单击"确定"按钮，如图 3-115 所示。

④ 保存工作簿，即可完成设置。

### 3．加密工作簿

如果不希望他人打开某工作簿，可以对该工作簿进行加密码。设置后，只有输入正确的密码才能打开工作簿。

① 工作簿编辑完成后，单击"文件"→"信息"命令，在右侧单击"保护工作簿"下拉按钮，在下拉菜单中选择"用密码进行加密"选项。

② 打开"加密文档"对话框，在"密码"文本框中输入密码，单击"确定"按钮，如图 3-116 所示。

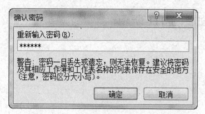

图 3-115 "确认密码"对话框

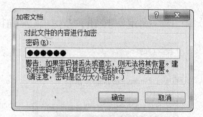

图 3-116 "加密文档"对话框

③ 在打开的"确认密码"对话框中重新输入一遍密码，单击"确定"按钮，如图 3-117 所示。

④ 打开加密文档，弹出"密码"对话框，输入密码，单击"确定"按钮，如图 3-118 所示。

图 3-117 "确认密码"对话框

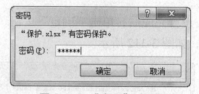

图 3-118 "密码"对话框

# 实验十二 表格打印

## 一、实验目的

掌握 Excel 2010 表格打印及相关设置。在执行打印前一般需要对打印选项进行一些设置，如设置页面、设置打印份数、设置打印范围等。

## 二、实验内容

### 1．设置页面

表格默认的打印方向是纵向的，如果当前表格较宽，纵向打印时不能完成显示出来，此时则可以设置纸张方向为"横向"。具体操作步骤如下。

① 切换到需要打印的表格中，在"页面布局"→"页面设置"选项组中单击"纸张方向"按钮，从打开的下拉菜单中选择"横向"，如图 3-119 所示。

图 3-119　设置纸张方向

② 单击"文件"→"打印"命令，即可在右侧显示出打印预览效果，如图 3-120 所示（横向打印效果）。

图 3-120　横向打印效果

③ 如果当前要使用的打印纸张不是默认的 A4 纸，则需要在"页面设置"选项组中单击"纸张大小"按钮，从打开的下拉菜单中选择当前使用的纸张规则，如图 3-121 所示。

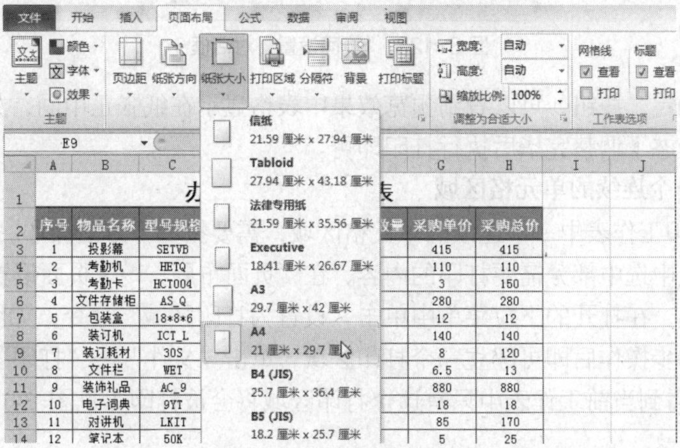

图 3-121　设置纸张大小

## 2. 让打印内容居中显示

如果表格的内容比较少，默认情况下将显示在页面的左上角（见图 3-122），此时一般要将表格打印在纸张的正中间才比较美观。具体操作步骤如下。

图 3-122　默认表格打印内容显示在页面的左上角

① 在打印预览状态下单击"页面设置"按钮，打开"页面设置"对话框。

② 切换到"页边距"选项卡下，同时选中"居中方式"栏中的"水平"和"垂直"两个复选框，如图 3-123 所示。

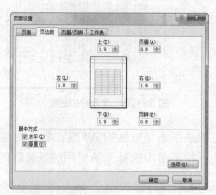

图 3-123　"页面设置"对话框

③ 单击"确定"按钮，可以看到预览效果中表格显示在纸张正中间，如图 3-124 所示。

④ 在预览状态下调整完毕后执行打印即可。

## 3. 只打印一个连续的单元格区域

如果只想打印工作表中一个连续的单元格区域，需要按如下方法操作。

① 在工作表中选中部分需要打印的内容，在"页面布局"→"页面设置"选项组中单击"打印区域"按钮，在打开的下拉菜单中单击"设置为打印区域"命令，如图 3-125 所示。

② 执行第①步操作后即可建立一个打印区域，单击"文件"→"打印"命令，进入打印预览状态，可以看到当前工作表中只有这个打印区域将会被打印（见图 3-126），其他内容不打印。

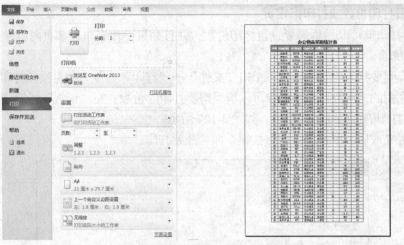

图 3-124　预览表格显示在纸张正中间效果

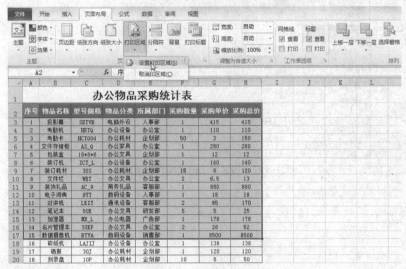

图 3-125　设置打印区域

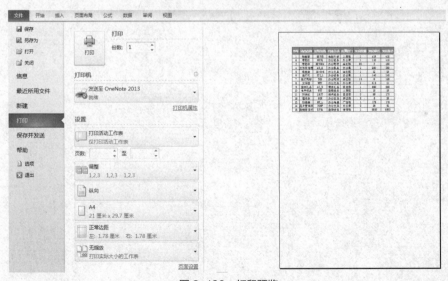

图 3-126　打印预览

### 4．设置打印份数或打印指定页

在执行打印前可以根据需要设置打印份数，并且如果工作表包含多页内容，也可以设置只打印指定的页。

① 切换到要打印的工作表中，单击"文件"→"打印"命令，即可展开打印设置选项。

② 在左侧的"份数"文本框中可以填写需要打印的份数；在"设置"栏的"页数"文本框中输入要打印的页码或页码范围，如图 3-127 所示。

③ 设置完成后，单击"打印"按钮，即可开始打印。

图 3-127　设置打印份数或打印指定页

# Chapter 4 第 4 章
# PowerPoint 2010 演示文稿

## 实验一　PowerPoint 2010 文档的创建、保存和退出

### 一、实验目的

PowerPoint 2010 专门用于制作演示文稿，即幻灯片，它广泛应用于各种会议、教学和产品演示。在初学 PowerPoint 时，先要掌握其创建、保存和退出基本操作。

### 二、实验内容

#### 1. PowerPoint 文档的新建

（1）用 PowerPoint 程序新建文档

在桌面上单击左下角的"开始"→"所有程序"→"Microsoft Office"→"Microsoft Office PowerPoint 2010"选项，如图 4-1 所示，可启动 Microsoft Office PowerPoint 2010 主程序，打开 PowerPoint 文档。

图 4-1　新建空白演示文稿

（2）使用样本模板创建新演示文稿

如果已经打开了 PowerPoint 程序，可以在 Backstage 视窗根据内置样本新建演示文稿。

① 单击"文件"→"新建"命令，在右侧单击"样本模板"按钮，如图 4-2 所示。

② 打开样本模板，选择需要创建的样本，单击"创建"按钮即可，如图 4-3 所示。

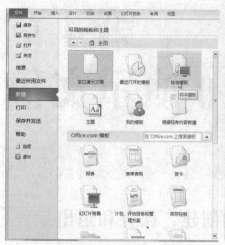

图 4-2　单击"样本模板"按钮

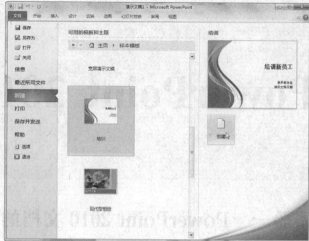

图 4-3　创建样本模板

（3）下载 Office Online 上的模板

① 单击"文件"→"新建"命令，在"Office.com 模板"区域单击"内容幻灯片"按钮，如图 4-4 所示。

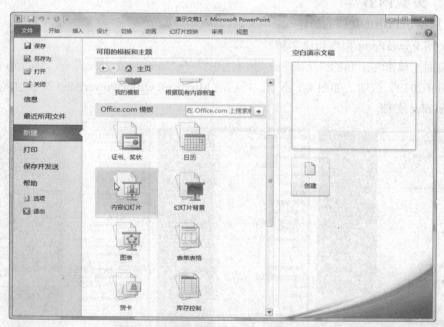

图 4-4　选择 OfficeOline 上的模板类型

② 在内容幻灯片下选择需要的模板，单击"下载"按钮，即可根据下载的模版新建文档，如图 4-5 所示。

### 2．PowerPoint 文档的保存

① 单击"文件"→"另存为"命令，如图 4-6 所示。

② 打开"另存为"对话框，为文档设置保存路径和保存类型，单击"保存"按钮即可，如图 4-7 所示。

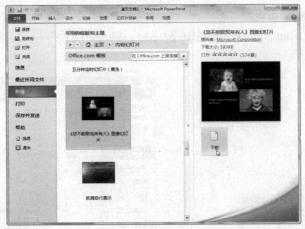

图 4-5　选择需要的模板

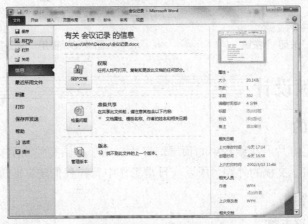

图 4-6　选择"另存为"按钮

图 4-7　设置保存路径

### 3．PowerPoint 文档的退出

（1）单击"关闭"按钮

打开 Microsoft Office PowerPoint 2010 程序后，单击程序右上角的"关闭"按钮，可快速退出主程序，如图 4-8 所示。

（2）从 Backstage 视窗退出

打开 Microsoft Office PowerPoint 2010 程序后，单击"文件"→"退出"命令，即可关闭程序，如图 4-9 所示。

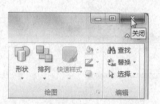

图 4-8  单击"关闭"按钮

图 4-9  使用"退出"标签

# 实验二  母版设计

## 一、实验目的

幻灯片母版是幻灯片层次结构中的顶层幻灯片，用于存储有关演示文稿的主题和幻灯片版式，它影响整个演示文稿的外观，所以在日常工作中首先我们要掌握母版的设计。

## 二、实验内容

### 1．快速应用内置主题

① 在幻灯片中，在"设计"→"主题"选项组中单击 按钮，在展开的下拉菜单中选择适合的主题，如图 4-10 所示。

② 应用主题后的幻灯片效果如图 4-11 所示。

图 4-10  选择主题样式

图 4-11  应用主题

### 2．更改主题颜色

① 在"设计"→"主题"选项组中单击"颜色"下拉按钮，在其下拉菜单中选择适合的颜色。

② 选择适合的主题颜色后，即可更改主题颜色，如图4-12所示。

图4-12　更改主题颜色

### 3．插入、重命名幻灯片母版

（1）插入母版

① 在幻灯片母版视图中，选中要设置的文本，在"视图"→"母版视图"选项组中单击"幻灯片母版"按钮，进入幻灯片母版界面。在"编辑母版"选项组中单击"插入幻灯片母版"按钮，如图4-13所示。

② 插入幻灯片母版之后，具体效果如图4-14所示。

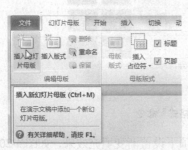

图4-13　单击"插入幻灯片母版"按钮

图4-14　插入母版

（2）重命名母版

① 在"编辑母版"选项组中单击"重命名"按钮，如图4-15所示。

② 打开"重命名版式"对话框，在"版式名称"文本框中输入名称，单击"重命名"按钮即可，如图4-16所示。

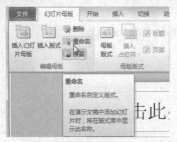

图4-15　单击"重命名"按钮

图4-16　重命名母版

### 4．修改母版版式

① 在"幻灯片母版"→"母版版式"选项组中单击"插入占位符"下拉按钮，在下拉菜单中选择"图片"命令，如图 4-17 所示。

② 在母版中绘制，即可看到插入了图片占位符，如图 4-18 所示。

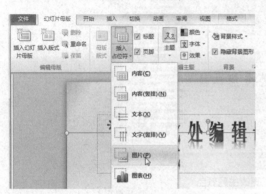

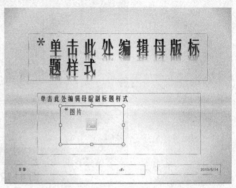

<table>
<tr><td>图 4-17　选择要插入的占位符</td><td>图 4-18　插入图片占位符</td></tr>
</table>

### 5．设置母版背景

① 在"幻灯片母版"→"背景"选项组中单击"背景样式"下拉按钮，在下拉菜单中选择"设置背景格式"命令，如图 4-19 所示。

图 4-19　选择"设置背景格式"命令

② 打开"设置背景格式"对话框，在"填充"选项下设置渐变填充效果，如图 4-20 所示。

③ 单击"确定"按钮，返回到幻灯片母版中，即可看到设置后的效果，如图 4-21 所示。

<table>
<tr><td>图 4-20　设置渐变样式</td><td>图 4-21　应用设置好的背景格式</td></tr>
</table>

# 实验三　文本的编辑与美化

## 一、实验目的

在 PowerPoint 2010 中，文本内容都是在文本框中输入与编辑。作为初级用户需要掌握 PowerPoint 文本编辑和美化的基本操作。

## 二、实验内容

### 1．添加艺术字

① 在"插入"→"文本"选项组中单击"艺术字"下拉按钮，在下拉菜单中选择一种适合的艺术字样式，如图 4-22 所示。

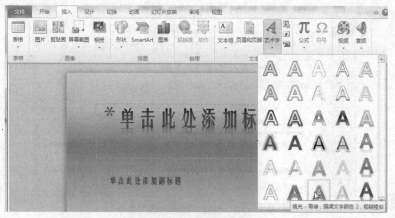

图 4-22　选择艺术字样式

② 此时系统会在幻灯片中添加一个艺术字的文本框，在文本框中输入文字会自动套用艺术字样式，效果如图 4-23 所示。

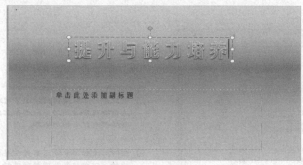

图 4-23　添加艺术字

### 2．设置字符间距

① 选择需要设置间距的文本，在"开始"→"字体"选项组中单击"字符"下拉按钮，在下拉菜单中选择"其他间距"命令，如图 4-24 所示。

② 打开"字体"对话框，在"间距"下拉菜单中选择"加宽"，接着在"度量值"文本框中输入"10"，单击"确定"按钮，即可将调整字符间距，如图 4-25 所示。

图 4-24　选择"其他间距"命令　　　　　　　图 4-25　设置字符间间距

### 3．设置文本框内容自动换行

① 选中文本框，在"开始"→"段落"选项组中单击"文字方向"下拉按钮，在下拉菜单中选择"其他选项"命令，如图 4-26 所示。

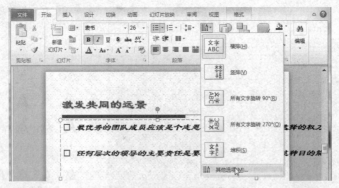

图 4-26　选择"其他选项"命令

② 打开"设置文本效果格式"对话框，在"文本框"选项下勾选"形状中的文字自动换行"复选框，如图 4-27 所示。

③ 单击"确定"按钮，返回到幻灯片中，即可看到文档中的文字自动换行，效果如图 4-28 所示。

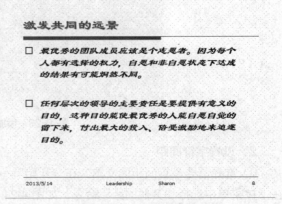

图 4-27　设置文字自动换行　　　　　　　图 4-28　自动换行效果

### 4．添加项目符号

① 选择需要添加项目符号的文本，在"开始"→"段落"选项组中单击"项目符号"下

拉按钮，在下拉菜单中选择"项目符号和编号"命令，如图 4-29 所示。

图 4-29　选择"项目符号和编号"命令

② 打开"项目符号和编号"对话框，在"项目符号"选项下选中需要的项目符号类型，并设置项目符号颜色，如图 4-30 所示。

③ 单击"确定"按钮，返回到幻灯片中，即可看到文档中的文字添加了项目符号，效果如图 4-31 所示。

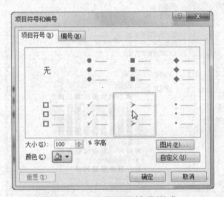

图 4-30　设置项目符号样式

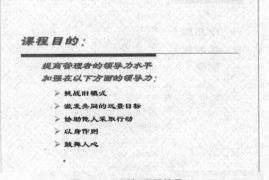

图 4-31　添加项目符号

# 实验四　形状和图片的应用

## 一、实验目的

在 PowerPoint 中，形状和图片是提升视觉传达力的一个重要元素，可以使幻灯片更加美观。因此，幻灯片中的形状和图片的应用必须掌握。

## 二、实验内容

### 1．图形的操作技巧

（1）插入形状

① 在"插入"→"插图"选项组中单击"形状"下拉按钮，在下拉菜单中选择合适的形状，如选择"基本形状"下的"心形"，如图 4-32 所示。

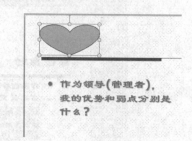

② 拖动鼠标画出合适的形状大小，完成形状的插入，如图 4-33 所示。

图 4-32　选择形状样式

图 4-33　绘制形状

（2）设置形状填充颜色

① 选中形状，在右键菜单中选择"设置形状格式"命令，如图 4-34 所示。

② 打开"设置形状格式"对话框，单击"颜色"右侧下拉按钮，在下拉菜单中选择适合的颜色，如图 4-35 所示。单击"确定"按钮，即可更改形状的填充颜色。

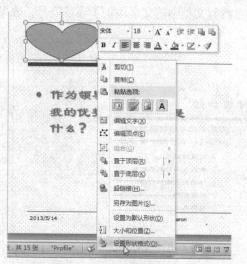

图 4-34　选择"设置形状格式"命令

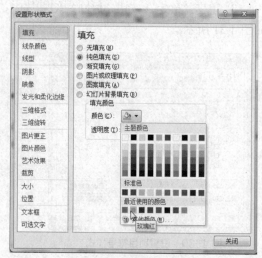

图 4-35　选择填充颜色

（3）在形状中添加文字

① 选中形状，在右键菜单中选择"编辑文字"命令，如图 4-36 所示。

② 此时系统在形状中添加光标，输入文字即可，在"字体"选项组中设置文字格式，设置完成后的效果如图 4-37 所示。

**2．图片的操作技巧**

（1）插入计算机中的图片

① 将光标定位在需要插入图片的位置，在"插入"→"插图"选项组中单击"图片"按钮，如图 4-38 所示。

② 打开"插入图片"对话框，选择图片位置后再选择插入的图片，单击"插入"按钮，如图 4-39 所示。

 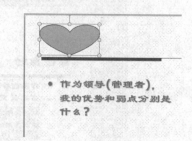 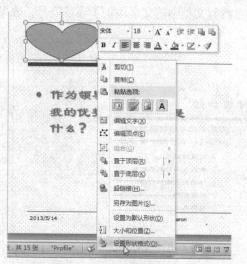 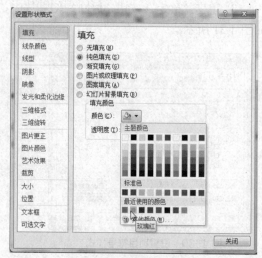

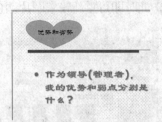

图 4-36　选择"编辑文字"命令　　　　　　　图 4-37　添加文字后效果

图 4-38　选择"图片"按钮　　　　　　　图 4-39　找到图片保存位置

③ 单击"确定"按钮，即可插入计算机中的图片。

（2）图片位置和大小调整

① 插入图片后选中图片，当鼠标指针变为 ✥ 形状时，拖动鼠标即可移动图片，如图 4-40所示。

② 将鼠标定位到图片控制点上，当鼠标指针变为 ↘ 形状时，拖动鼠标即可更改图片大小，如图 4-41 所示。

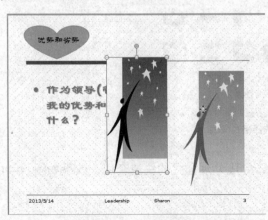

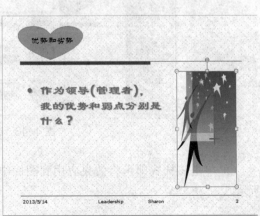

图 4-40　移动图片　　　　　　　　　图 4-41　更改图片大小

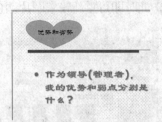

（3）更改图片颜色

① 在"图片工具"→"格式"→"调整"选项组中单击"颜色"下拉按钮，在下拉菜单中选择"冲蚀"。

② 此时即可重新设置图片颜色，效果如图 4-42 所示。

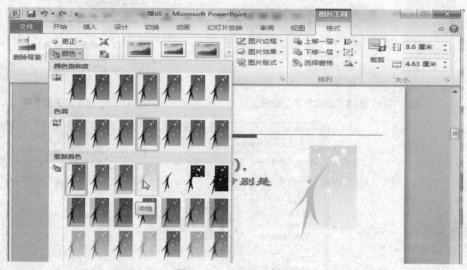

图 4-42　重新更改颜色

（4）设置图片格式

① 在"图片工具"→"格式"→"图片样式"选项组中单击 ▽ 按钮，在下拉菜单中选择一种合适的样式，如"剪裁对角线，白色"样式，如图 4-43 所示。

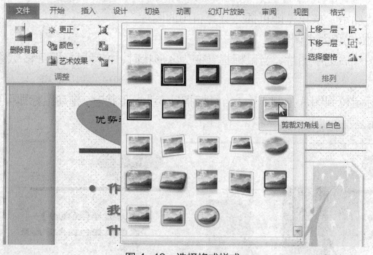

图 4-43　选择格式样式

② 单击该样式即可将效果应用到图片中，完成外观样式的快速套用，效果如图 4-44 所示。

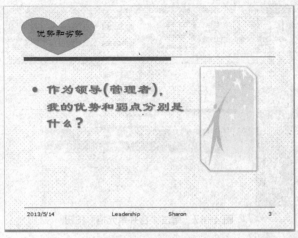

图 4-44　应用效果

# 实验五　表格和图表应用

## 一、实验目的

　　在演示文稿的制作中，插入表格可以直观形象地表现数据与内容，插入图表可以提升幻灯片的视觉表现力，十分常用。因此，插入表格和图表作为一项基本操作，必须掌握。

## 二、实验内容

### 1. 表格的操作技巧

（1）插入表格

①　在"开始"→"表格"选项组中单击"插入表格"下拉按钮，在下拉菜单中拖动鼠标选择一个 5×3 的表格，如图 4-45 所示。

②　此时在文档中插入了一个 5×3 的表格，如图 4-46 所示。

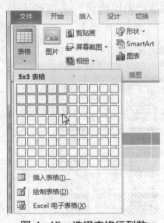

图 4-45　选择表格行列数

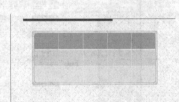

图 4-46　插入表格

（2）合并单元格

①　选中第一行单元格，在"表格工具"→"布局"→"合并"选项组中单击"合并单元格"按钮，如图 4-47 所示。

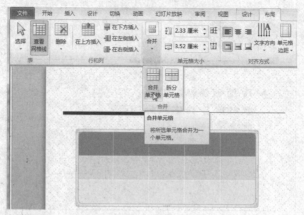

图 4-47　单击"合并单元格"按钮

② 此时即可将第一行所有单元格合并成一个单元格，效果如图 4-48 所示。

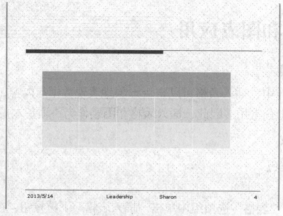

图 4-48　合并单元格

（3）套用表格样式

① 单击表格任意位置，在"表格工具"→"设计"→"表格样式"选项组中单击 按钮，在下拉菜单中选择要套用的表格样式，如图 4-49 所示。

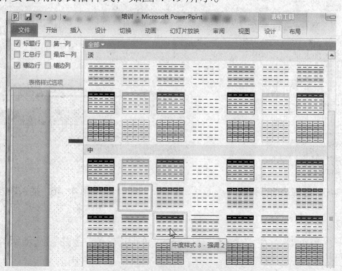

图 4-49　选择套用的样式

② 选择套用的表格样式后，系统自动为表格应用选中的样式格式，效果如图 4-50 所示。

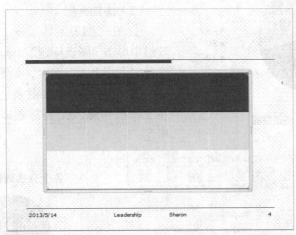

图 4-50　应用样式效果

### 2. 图表的操作技巧

（1）插入图表

① 在"插入"→"图表"选项组中单击"图表"按钮，如图 4-51 所示。

② 打开"插入图表"对话框，在左侧单击"饼图"选项，在右侧选择一种图表类型，如图 4-52 所示。

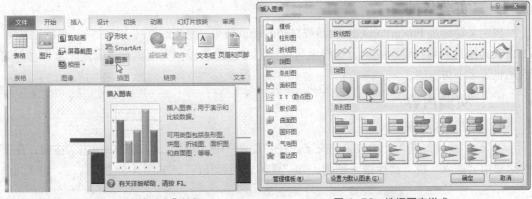

图 4-51　单击"图表"按钮　　　　　　图 4-52　选择图表样式

③ 此时系统会弹出 Excel 表格，并在表格中显示了默认的数据，如图 4-53 所示。

④ 将需要创建表格的 Excel 数据复制到默认工作表中，如图 4-54 所示。

图 4-53　系统默认数据源　　　　　　图 4-54　更改数据源

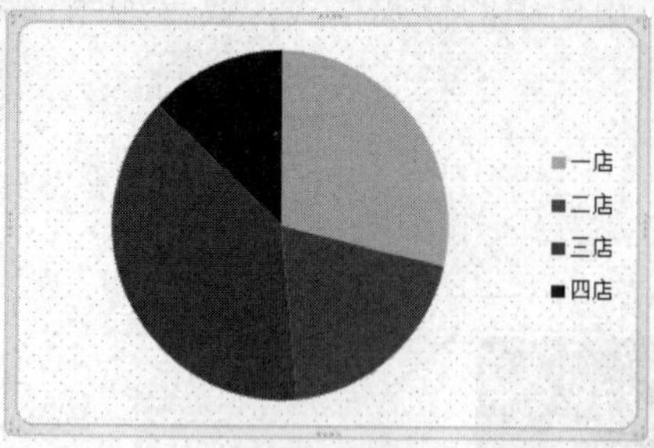

图 4-55　创建饼图

⑤ 系统自动根据插入的数据源创建饼图，效果如图 4-55 所示。

（2）添加标题

① 在"图表工具"→"布局"→"标签"选项组中单击"图表标题"下拉按钮，在下拉菜单中选择"图表上方"命令，如图 4-56 所示。

② 此时系统会在图表上方添加一个文本框，在文本框中输入图表标题即可，效果如图 4-57 所示。

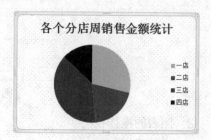

图 4-56　选择标题样式

图 4-57　插入标题

# 实验六　动画的应用

## 一、实验目的

自定义动画是 PowerPoint 2010 系统自带的动画效果，能使幻灯片上的文本、形状、图像、图表或其他对象具有动画效果，这样就可以控制信息的流程，突出重点。因此，掌握动画的应用也是必不可少的。

## 二、实验内容

### 1. 创建进入动画

① 选中要设置进入动画效果的文字，在"动画"→"动画"选项组中单击 按钮，在下拉菜单中"进入"栏下选择进入动画，如"跳转式由远及近"，如图 4-58 所示。

图 4-58　选择"进入"动画

② 添加动画效果后，文字对象前面将显示动画编号 $\boxed{1}$ 标记，如图 4-59 所示。

图 4-59　应用动画显示 1

## 2．创建强调动画

① 选中要设置强调动画效果的文字，在"动画"→"动画"选项组中单击 ⊡ 按钮，在下拉菜单中"强调"栏下选择进入动画，如"补色"，如图 4-60 所示。

② 在预览时，可以看到文字颜色发生了变化，效果如图 4-61 所示。

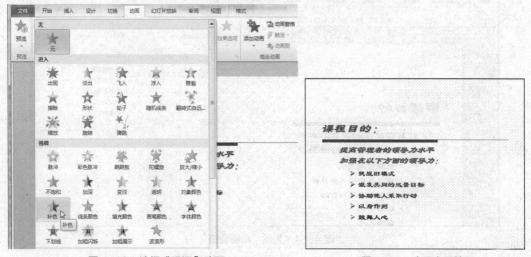

图 4-60　选择"强调"动画　　　　　　　　　图 4-61　动画应用效果

## 3．创建退出动画

① 选中要设置强调动画效果的文字，在"动画"→"动画"选项组中单击 ⊡ 按钮，在下拉菜单中选择"更多退出效果"命令，如图 4-62 所示。

② 打开"更多退出效果"对话框，选中需要设置的退出效果，如图 4-63 所示。

③ 单击"确定"按钮，即可完成设置。

## 4．调整动画顺序

① 在"动画"→"高级动画"选项组中单击"动画窗格"按钮，在右侧打开动画窗格，如图 4-64 所示。

图 4-62 选择"更退出效果"命令 　　　　　　　 图 4-63 选择退出效果

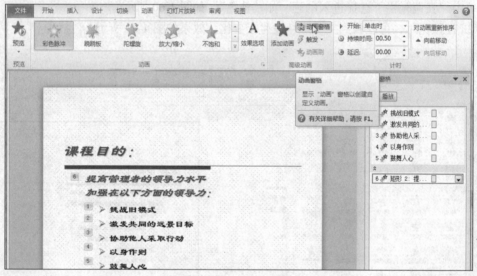

图 4-64 显示"动画窗格"

② 选中动画 3，单击⬆按钮，如图 4-65 所示。

③ 此时即可看到动画 3 向上调整为动画 2，如图 4-66 所示。

### 5．设置动画时间

① 在"动画"→"计时"选项组中单击"开始"文本框右侧下拉按钮，在下拉菜单中选择动画所需计时，如图 4-67 所示。

② 在"动画"→"计时"选项组中单击"持续时间"文本框右侧微调按钮，即可调整动画需要运行的时间，如图 4-68 所示。

图 4-65　向上移动动画

图 4-66　移动后效果

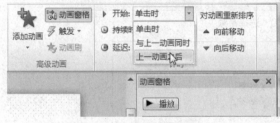

图 4-67　设置动画开始时间

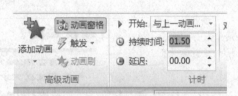

图 4-68　设置动画播放时间

# 实验七　音频和 Flash 动画的处理

## 一、实验目的

在演示文稿中插入音频和 Flash 动画可以为演示文稿添加声音和视频，在放映时为幻灯片锦上添花。音频和 Flash 动画是演示文稿的高级操作，在学习制作演示文稿时，也是需要掌握的。

## 二、实验内容

### 1．插入音频

① 在"插入"→"媒体"选项组中单击"音频"下拉按钮，在其下拉菜单中选择"文件中的音频"命令，如图 4-69 所示。

② 在打开的"插入音频"对话框中选择合适的音频，如图 4-70 所示。

③ 单击"插入"按钮，即可在幻灯片中插入音频，如图 4-71 所示。

图 4-69　选择插入音频样式

### 2．播放音频

① 在幻灯片中单击"播放/暂停"按钮，即可播放音频，如图 4-72 所示。

② 在"音频工具"→"播放"→"预览"选项组中单击"播放"按钮，即可播放音频，如图 4-73 所示。

图 4-70  选择音频

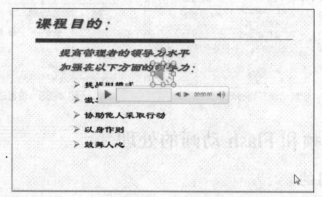

图 4-71  插入音频

图 4-72  播放音频

图 4-73  播放音频

### 3．插入 Flash 动画

① 在"插入"→"媒体"选项组中单击"视频"下拉按钮，在其下拉菜单中选择"来自网站的视频"命令，如图 4-74 所示。

② 打开"从网站插入视频"对话框，在文本框中复制 Flash 动画所在 html 地址，如图 4-75 所示。

③ 单击"插入"按钮，即可在幻灯片中插入 Flash 动画。

图 4-74　选择插入视频样式

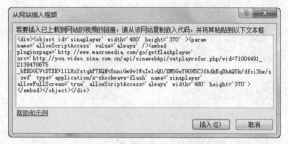

图 4-75　粘贴 Flash 动画

# 实验八　PowerPoint 的放映设置

## 一、实验目的

在演示文稿放映之前，用户可以对放映方式进行设置，还可以排练放映时间，确保幻灯片的正常放映。放映设置是幻灯片制作的最后一步，虽然不是重点内容，但也需要掌握。

## 二、实验内容

### 1．设置幻灯片的放映方式

① 在"幻灯片放映"→"设置"选项组中单击"设置幻灯片放映"按钮，如图 4-76 所示。

② 打开"设置放映方式"对话框，在"放映类型"区域选中"观众自行浏览"单选钮，如图 4-77 所示。

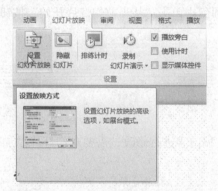

图 4-76　单击"设置幻灯片放映"按钮

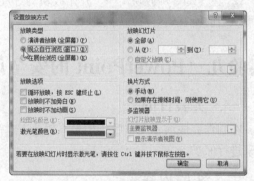

图 4-77　选择放映方式

③ 单击"确定"按钮，即可更改幻灯片的放映类型。

### 2．设置放映的时间

① 在"幻灯片放映"→"设置"选项组中单击"排练计时"按钮，如图 4-78 所示。

② 随即幻灯片进行全屏放映，在其左上角会出现"录制"对话框，如图 4-79 所示。

③ 录制结束后弹出"Microsoft PowerPoint"对话框，单击"确定"按钮即可，如图 4-80 所示。

### 3．放映幻灯片

① 在"幻灯片放映"→"开始放映幻灯片"选项组中单击"从头开始"按钮，如图 4-81 所示，即可从头开始放映。

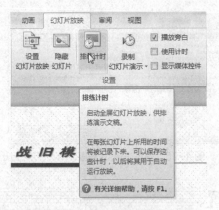

图 4-78　单击"排练计时"按钮

图 4-79　排练计时

图 4-80　提示计时时间

图 4-81　放映幻灯片

② 在"幻灯片放映"→"开始放映幻灯片"选项组中单击"从当前幻灯片开始"按钮，即可从当前所在幻灯片开始放映。

# 实验九　PowerPoint 的安全设置

## 一、实验目的

在制作完成演示文稿后，如果不想他人对演示文稿内容进行修改，需要对幻灯片添加密码来进行保护。

## 二、实验内容

① 单击"文件"→"信息"命令，在右侧窗格单击"保护演示文稿"下拉按钮，在其下拉菜单中选择"用密码进行加密"命令，如图 4-82 所示。

② 打开"加密文档"对话框，在"密码"文本框中输入密码，单击"确定"按钮，如图 4-83 所示。

③ 打开"确认密码"对话框，在"重新输入密码"文本框中再次输入设置的密码，单击"确定"按钮，如图 4-84 所示。

④ 关闭演示文稿后，再次打开演示文稿时，系统会提示先输入密码，如果密码不正确则不能打开文档。

图 4-82 选择保护方式

图 4-83　输入密码

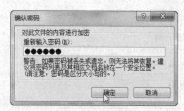

图 4-84　确认密码

# 实验十　PowerPoint 的输出与发布

## 一、实验目的

对于制作好的演示文稿，除了将其保存为演示文稿文件外，还可以以其他的方式输出，读者应掌握输出为图片和 PDF 文件的方法。

## 二、实验内容

### 1．输出为 JPGE 图片

① 单击"文件"→"另存为"命令，打开"另存为"对话框，设置文件名和保存位置，单击"保存类型"下拉按钮，在下拉菜单中选择"JPGE 文件交换格式"，如图 4-85 所示。

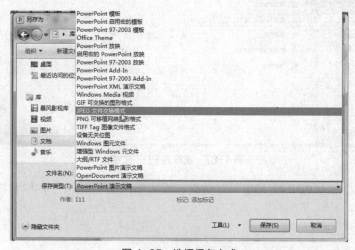

图 4-85　选择保存方式

② 单击"保存"按钮，即可将文件保存为 JPGE 格式，保存后的效果如图 4-86 所示。

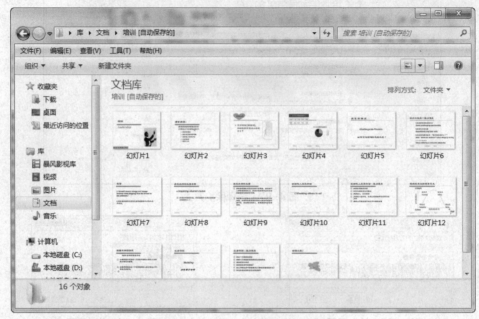

图 4-86　保存为 JPGE 交换格式

## 2．发布为 PDF 文档

① 单击"文件"→"保存并发送"命令，接着单击"创建 PDF/XPS 文档"按钮，在最右侧单击"创建 PDF/XPS"按钮，如图 4-87 所示。

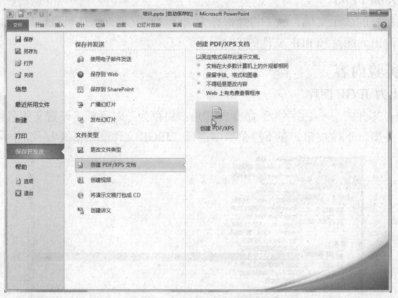

图 4-87　发布为 PDF 文档

② 打开"发布为 PDF 或 XPS"对话框，设置演示文稿的保存名称和路径，如图 4-88 所示。

图 4-88 设置发布路径和名称

③ 单击"发布"按钮，即可将演示文稿输出为 PDF 格式，效果如图 4-89 所示。

图 4-89 使用 PDF 文档打开

# Chapter 5

# 第 5 章
# 网络基础与 Internet 应用

## 实验一　宽带网络连接

### 一、实验目的

掌握创建宽带连接的方法，使用宽带连接网络。

### 二、实验内容

#### 1．创建宽带连接

用户在进行连接网络之前，通常需要创建宽带连接。具体操作步骤如下。

① 单击"开始"→"控制面板"，打开"控制面板"窗口，在"网络和 Internet"栏下单击"查看网络状态和任务"，如图 5-1 所示。

② 打开"网络和共享中心"对话框，在"更改网络设置"栏下单击"设置新的连接或网络"选项，如图 5-2 所示。

图 5-1　"控制面板"窗口

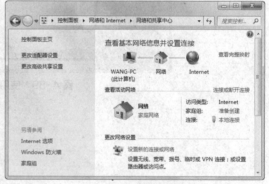

图 5-2　设置新的连接

③ 打开"设置连接或网络"对话框，在"选择一个连接选项"下选择"连接到 Internet"，单击"下一步"按钮，如图 5-3 所示。

④ 如果已经连接到 Internet 网络，则会出现如下窗口，如果想创建新的连接，单击"仍要设置新连接"，如图 5-4 所示。

⑤ 打开"您想如何连接"对话框，单击"宽带（PpoE）（R）"，如图 5-5 所示。

⑥ 打开"键入您的 Internet 服务商（ISP）提供的信息"对话框，在"用户名"和"密码"后的文本框中输入对应信息。用户还可以勾选"记住此密码"和"允许其他人使用此连接"复选框，如图 5-6 所示。

图 5-3  选择选项

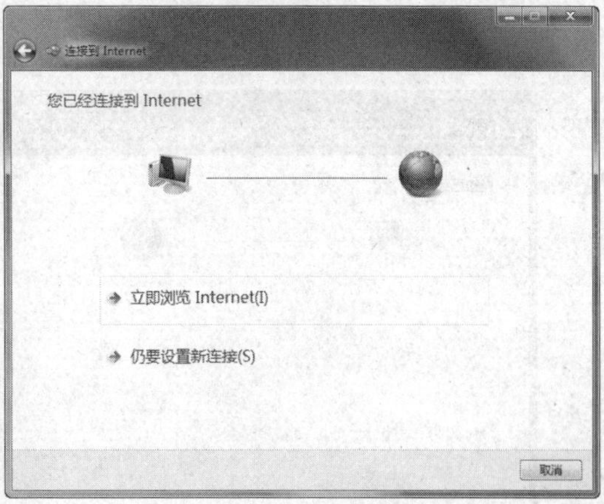

图 5-4  单击"仍然设置新连接"

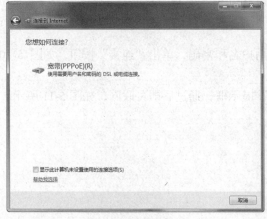

图 5-5  单击宽带

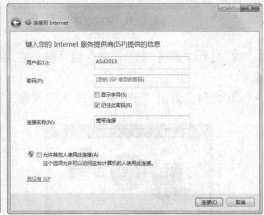

图 5-6  输入信息

⑦ 单击"连接"按钮，打开"正在连接到 宽带连接"对话框，等待连接或单击"跳过"按钮，如图 5-7 所示。

图 5-7  等待连接

⑧ 打开"连接已经可用"对话框，单击"立即连接"或"关闭"按钮，如图 5-8 所示。

**2．连接到网络**

设置好宽带连接后，可以快速连接到网络。具体操作步骤如下。

①单击任务栏中的网络图标，然后单击新创建的连接，如图 5-9 所示。

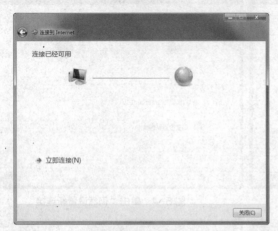

图 5-8　完成创建

图 5-9　选择连接

② 打开"连接 宽带连接"对话框，输入用户名和密码，单击"连接"按钮，如图 5-10 所示。

③ 此时会弹出"正在连接到 宽带连接…"提示框，通过后即可联网，如图 5-11 所示。

图 5-10　输入信息

图 5-11　正在连接

# 实验二　网页信息的浏览

## 一、实验目的

掌握 IE 浏览器的操作，使用 IE 浏览网页信息。

## 二、实验内容

### 1．浏览新华网新闻

用户可以通过 IE 浏览器浏览新闻网页，具体操作步骤如下。

① 打开 IE 浏览器，在地址栏中输入网页地址，如输入"http://www.xinhuanet.com"，按回车键即可进入新华网，如图 5-12 所示。

② 打开新华网主页，在窗口右侧，使用鼠标向下拖动滚动条，浏览网页信息，选择新闻信息，如单击"我国对商业保险服务军队建设作出制度安排"，如图 5-13 所示。

图 5-12　打开网页

图 5-13　选择链接

③ 此时即可打开该链接，浏览新闻信息，如图 5-14 所示。

**新华网** 新闻　新华网 › 时政 › 正文

### 国务院中央军委批准《关于推进商业保险服务军队建设的指导意见》

分享至手机　2015年08月02日 15:14:42　来源：新华网

　　新华网北京8月2日电（记者于晓泉）国务院、中央军委批准《关于推进商业保险服务军队建设的指导意见》，从国家层面对商业保险服务军队建设作出制度安排。《指导意见》的颁发，贯彻落实了党中央关于推动军民融合深度发展的战略部署，填补了国家政策空白，能够充分发挥商业保险对增强军事职业吸引力和军人使命荣誉感的重要作用，有利于更好地凝聚实现强军目标的军心士气。

　　《指导意见》对商业保险服务军队建设的基本原则、服务内容、保障机制和对象范围等6个方面的15个具体问题作出规定，明确指出，推进商业保险服务军队建设，有利于建立健全军民结合的多层次、多渠道风险保障体系，完善对军队单位和军队人员及其家庭成员的保险服务，对减轻军人后顾之忧、维护军人权益和促进保险业持续健康发展具有重要意义。

　　《指导意见》明确，推进商业保险服务军队建设，应当坚持政府支持、市场主导，不断创新保障方式、拓宽保障渠道、增强保障能力；发挥资源整合优势，合理确定军地各方职责，密切分工协作，实现军民合作共赢。利用保险机构专业优势，研究开发军人商业保险产品，鼓励军队单位和军队人员及其家庭成员自愿投保，提高保险运行效率和保障水平。

　　《指导意见》提出，国家鼓励保险机构为军队单位和军队人员及其家庭成员提供优质保

图 5-14　浏览新闻

### 2．浏览新华网新闻中心的头条新闻

用户可以打开新华网新闻中心，选择新闻进行浏览。具体操作步骤如下。

① 打开 IE 浏览器，在地址栏中输入网页地址，如输入"www.xinhuanet.com"，按回车键即可进入新华网，找到新华网头条显示区域，如图 5-15 所示。

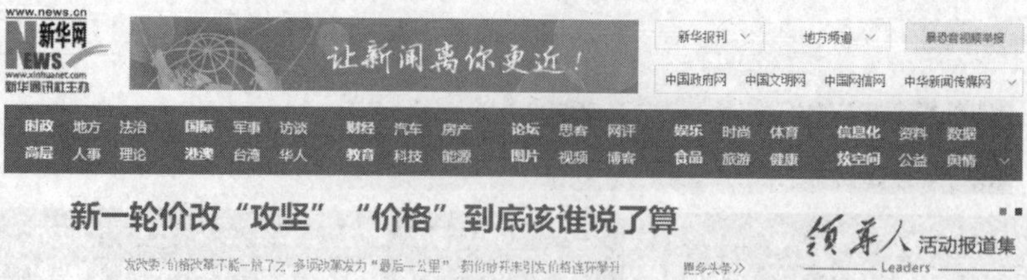

图 5-15 打开网页

② 单击"更多头条"链接，可查看当日头条新闻，如图 5-16 所示。

图 5-16 选择新闻

③ 此时即可打开网页进行浏览，如图 5-17 所示。

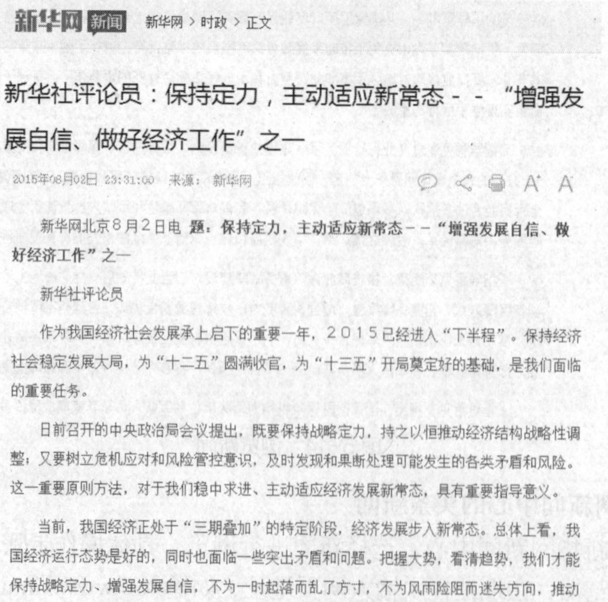

新华网 新闻　新华网 > 时政 > 正文

新华社评论员：保持定力，主动适应新常态－－"增强发展自信、做好经济工作"之一

2015年08月02日 23:31:00 来源：新华网

　　新华网北京8月2日电 题：保持定力，主动适应新常态－－"增强发展自信、做好经济工作"之一

　　新华社评论员

　　作为我国经济社会发展承上启下的重要一年，2015已经进入"下半程"。保持经济社会稳定发展大局，为"十二五"圆满收官，为"十三五"开局奠定好的基础，是我们面临的重要任务。

　　日前召开的中央政治局会议提出，既要保持战略定力，持之以恒推动经济结构战略性调整，又要树立危机应对和风险管控意识，及时发现和果断处理可能发生的各类矛盾和风险。这一重要原则方法，对于我们稳中求进、主动适应经济发展新常态，具有重要指导意义。

　　当前，我国经济正处于"三期叠加"的特定阶段，经济发展步入新常态。总体上看，我国经济运行态势是好的，同时也面临一些突出矛盾和问题。把握大势，看清趋势，我们才能保持战略定力、增强发展自信，不为一时起落而乱了方寸，不为风雨险阻而迷失方向，推动

图 5-17 浏览正文

④ 单击"确定"按钮即可。

### 3. 在新华网浏览体育新闻

用户可以通过新华网浏览体育新闻，具体操作步骤如下。

① 打开 IE 浏览器，在地址栏中输入网页地址，如输入"www.xinhuanet.com"，按回车键即可进入新华网主页，单击网页中的"体育"链接，如图 5-18 所示。

图 5-18　选择"体育"链接

② 进入新华体育主页，向下拖动窗口右侧的滑块选择新闻信息，如单击"难忍泪水难掩霸气 孙杨重回巅峰创今年世界最好成绩"链接，如图 5-19 所示。

图 5-19　选择链接

③ 此时即可打开该链接，浏览具体信息，如图 5-20 所示。

图 5-20　浏览新闻

## 实验三　资料信息的搜索

### 一、实验目的

掌握通过互联网搜索资料信息的方法。

### 二、实验内容

#### 1．使用百度搜索人物信息

用户可以通过互联网，使用百度搜索引擎搜索信息。具体操作步骤如下。

① 打开 IE 浏览器，在地址栏中输入"www.baidu.com"，按回车键打开百度首页，在搜索文本框中输入搜索内容，如输入"贝克汉姆"，单击"百度一下"按钮，如图 5-21 所示。

图 5-21　输入关键词

② 此时网页中即出现搜索结果，根据需要进行选择，如选择"贝克汉姆 百度百科"，如图 5-22 所示。

图 5-22　选择搜索结果

③ 此时即可打开相应信息，如图 5-23 所示。

百科名片

大卫·罗伯特·约瑟夫·贝克汉姆（David Robert Joseph Beckham，1975年5月2日一），前任英格兰国家队队长，曾效力于曼联、皇马、AC米兰、洛杉矶银河等豪门俱乐部。从1999年开始进入人生辉煌时期，逐渐凭借其英俊的外表和精湛的球技成长为一代大众偶像，在全球各地都有极高的影响力与知名度，人称"万人迷"。先后于1999和2001年夺得世界足球先生亚军，是运动品牌阿迪达斯等多家广告公司的形象代言人。他在球场上司职右前卫和中前卫，右脚长传和定位球技术尤为突出，在职业生涯中都以此贡献了大量助攻和进球。离开美国大联盟后，他加盟法甲新贵巴黎圣日耳曼，身披32号球衣。2013年3月，正式出任中国青少年足球发展及中超联赛形象大使。北京时间2013年5月16日晚，英格兰著名球星贝克汉姆通过英足总官网发布公告，宣布他将在赛季结束后退出职业足坛。

| 中文名： | 大卫·贝克汉姆 | 运动项目： | 足球 |
| 外文名： | David Beckham | 所属运动队： | 巴黎圣日耳曼俱乐部 |
| 别名： | 碧咸、万人迷、小贝 | 专业特点： | 传球精准，任意球脚法独步天下 |
| 国籍： | 英格兰 | 主要奖项： | 2000年英格兰足球先生 |
| 民族： | 英格兰 | | 1999年欧洲最佳球员 |
| 出生地： | 伦敦雷顿斯通 | 重要事件： | 1998年世界杯被红牌罚下 |
| 出生日期： | 1975年5月2日 | | 2001世界杯预选赛成为英雄 |
| 身高： | 1.83米 | | 美国职业大联盟总决赛冠军2次 |
| 体重： | 75公斤 | 位置： | 中场 |

图 5-23  打开链接

### 2．搜索并下载软件

用户可以通过 IE 浏览器搜索软件并进行下载，具体操作步骤如下。

① 打开 IE 浏览器，在地址栏中输入"www.skycn.com"，打开天空下载主页，单击"软件分类"选项，如图 5-24 所示。

图 5-24  单击"软件分类"

② 打开软件分类窗口，选择需要下载的软件，如选择"图像捕捉"，如图 5-25 所示。

您的位置：首页 -> 软件分类

| | | | | | | | |
|---|---|---|---|---|---|---|---|
| 网络工具 | 浏览工具 | 浏览辅助 | 网络优化 | 邮件处理 | 网页制作 | 下载工具 | 搜索工具 |
| | 新闻阅读 | 服务器类 | 站长工具 | FTP/Telnet | | | |
| 系统工具 | 系统优化 | 备份工具 | 美化增强 | 开关定时 | 硬件工具 | 卸载清理 | 系统其它 |
| 应用工具 | 压缩解压 | 文件处理 | 时钟日历 | 键鼠工具 | 输入法 | 光盘工具 | 翻译软件 |
| | 其它工具 | 办公应用 | | | | | |
| 联络聊天 | 聊天工具 | QQ软件区 | | | | | |
| 图形图像 | 图像处理 | 图像捕捉 | 图像浏览 | 图标工具 | 图像管理 | 3D制作类 | 图像其它 |
| 多媒体类 | 视频播放 | 音频处理 | 视频处理 | 音频转换 | 视频转换 | 媒体管理 | 音频播放 |
| | 媒体其它 | 在线视听 | 电子阅读 | 解码器类 | | | |

图 5-25  选择软件

③ 在打开的窗口中进行选择，如选择"红蜻蜓抓图精灵"，在对应处单击链接，如图5-26所示。

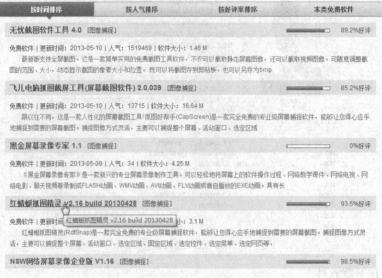

图5-26　单击链接

④ 在打开的页面链接中单击"下载地址"选项，如图5-27所示。

⑤ 选择其中一个地址，单击开始下载，如图5-28所示。

图5-27　单击"下载地址"选项

图5-28　选择下载地址

⑥ 此时会弹出如图5-29所示的下载窗口，等待下载完成即可。

图5-29　正在下载

### 3．搜索音乐并进行下载

用户可以通过IE浏览器搜索音乐，还可以将喜欢的音乐下载下来。具体操作步骤如下。

① 打开 IE 浏览器，在地址栏中输入"www.1ting.com"，按回车键打开一听音乐主页，

在搜索文本框中输入相关内容，如输入"费玉清"，单击"搜索"按钮，如图 5-30 所示。

图 5-30　搜索音乐

② 此时网页中弹出搜索结果，选择需要下载的音乐，如选择"一剪梅"，单击该链接，如图 5-31 所示。

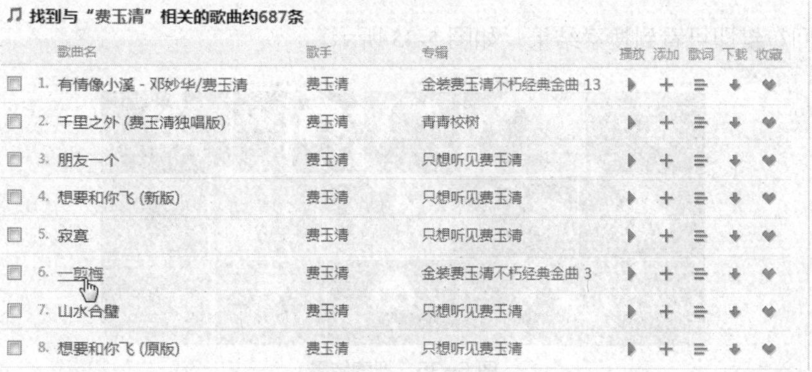

图 5-31　选择音乐

③ 在打开的页面中单击"下载"即可，如图 5-32 所示。

图 5-32　下载音乐

## 4．搜索图片

用户可以使用搜索引擎搜索图片，具体操作步骤如下。

① 打开 IE 浏览器，在地址栏中输入"www.soso.com"，单击"图片"选项，如图 5-33 所示。

② 打开"SOSO 图片"页面窗口，在文本框中输入搜索内容，如输入"熊猫"，如图 5-34 所示。

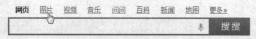

图 5-33 单击"图片"选项

图 5-34 输入内容

③ 按回车键即可看到搜索结果，如图 5-35 所示。

图 5-35 搜索结果

### 5. 街景地图搜索

用户可以根据需要搜索街景地图，具体操作步骤如下。

① 打开 IE 浏览器，在地址栏中输入"www.soso.com"，按回车键即可进入搜搜主页。单击页面中的"街景地图"，如图 5-36 所示。

图 5-36 选择选项

② 此时即可打开街景地图，切换到"街景城市"选项下，在左侧窗口中选择城市，右侧窗口会出现图片信息，选择需要查看的景点，如"夫子庙"，如图 5-37 所示。

图 5-37　选择景点

③ 此时页面中即可打开夫子庙的相关信息，如图 5-38 所示。

图 5-38　查看景点

# 实验四　在线电视、电影与视频

## 一、实验目的

掌握通过互联网在线观看电视、电影、视频和体育直播的方法。

## 二、实验内容

### 1. 在线看电视

用户可以在线看电视，具体操作步骤如下。

① 打开 IE 浏览器，在地址栏中输入"www.letv.com"，按回车键打开乐视网主页。在页面中单击"直播"选项，如图 5-39 所示。

图 5-39　单击"直播"选项

② 打开"直播大厅"页面，在右侧窗口中选择"山东卫视"选项，等待缓冲完成后即可观看，如图 5-40 所示。

图 5-40　观看直播

### 2．在线看电影

用户可以在乐视网快速观看电影，具体操作步骤如下。

① 打开 IE 浏览器，在地址栏中输入"www.letv.com"，按回车键打开乐视网主页。在页面中单击"电影"选项，如图 5-41 所示。

图 5-41　单击"电影"选项

② 打开"电影"页面窗口，用户可以选择网页提供的电影，也可以寻找自己喜欢的电影，如在搜索文本框中输入"瑞奇"，单击"搜索"按钮，如图 5-42 所示。

图 5-42　输入内容

③ 此时页面中会出现搜索到的电影结果，单击" ▶ "按钮，如图 5-43 所示。

图 5-43　点击观看

④ 在打开的页面中单击"播放"按钮，如图 5-44 所示。

图 5-44　播放

⑤ 等待缓冲完成后即可观看电影，如图 5-45 所示。

图 5-45　正在播放

### 3．在线视频

用户可以通过互联网在线观看视频，具体操作步骤如下。

① 打开 IE 浏览器，在地址栏中输入"www.letv.com"，按回车键打开乐视网主页。在搜索文本框中输入需要观看的视频内容，如输入"刘欢从头再来"，单击"搜索"选项，如图 5-46 所示。

图 5-46　输入内容

② 此时页面中出现搜索到的视频结果，选择需要观看的视频，如图 5-47 所示。

图 5-47　选择视频

③ 等待缓冲完成后即可观看，如图 5-48 所示。

图 5-48　观看视频

### 4．在线看体育直播

用户可以通过互联网观看体育直播，具体操作步骤如下。

① 打开 IE 浏览器，在地址栏中输入"www.letv.com，按回车键打开乐视网主页。在页面中单击"体育"选项，如图 5-49 所示。

图 5-49　进入主页

② 打开的页面中找到"直播大厅"选项，如图 5-50 所示。

图 5-50　直播大厅

③　此时页面中会打开赛事预告，选择正在直播的赛事，单击相应的选项，如图 5-51 所示。

④　等待缓冲完成后即可观看，如图 5-52 所示。

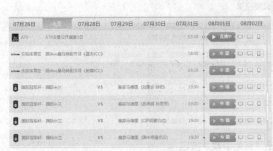

图 5-51　选择赛事

图 5-52　观看直播

# 实验五　在线游戏娱乐

## 一、实验目的

了解通过互联网玩游戏、听广播、听音乐等娱乐方式。

## 二、实验内容

### 1．在线玩游戏

用户可以通过互联网在线玩游戏，具体操作步骤如下。

①　打开游戏网站，选择喜欢的游戏，如在"最新好玩游戏列表"栏下单击"鸡鸭兄弟"选项，如图 5-53 所示。

图 5-53　选择游戏

② 在打开的窗口中单击"开始游戏"按钮，如图 5-54 所示。

图 5-54　单击"开始游戏"按钮

③ 此时进入游戏窗口，选择游戏选项，如选择"单人游戏"，如图 5-55 所示。

④ 此时进入"角色选择"窗口，选择在游戏中单人的角色，如图 5-56 所示。

图 5-55　游戏选项

图 5-56　角色设置

⑤ 完成后即可根据操作提示开始玩游戏，如图 5-57 所示。

图 5-57　开始游戏

**2．在线听广播**

用户可以根据需要在线听广播，具体操作步骤如下。

① 打开 IE 浏览器，在地址栏中输入"http://www.fifm.cn/"，按回车键进入主页，如图 5-58 所示。

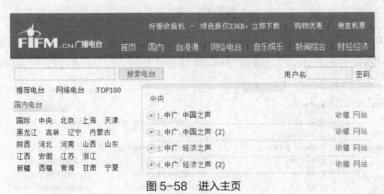

图 5-58　进入主页

② 在页面中选择广播电台，如在左侧窗口中单击"北京"选项，在窗口右侧的列表中进行选择，如选择"北京电台文艺广播"，如图 5-59 所示。

③ 双击后即可打开，等待缓冲完成后即可收听，如图 5-60 所示。

**3．在线听音乐**

提供在线音乐服务的网站很多，用户可以边工作边听音乐。具体操作步骤如下。

① 打开 IE 浏览器，在 IE 地址栏中输入"www.1ting.com"，按回车键打开主页，如图 5-61

所示。

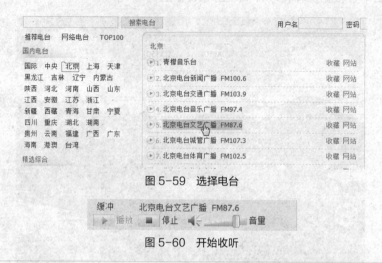

图 5-59　选择电台

图 5-60　开始收听

图 5-61　进入主页

② 页面中根据歌手和歌曲的类型提供了多种类目，如果需要听某一类目的音乐，可以在此类目中选中需要听的音乐，如选择"网络流行"类别下的"荷塘月色"，如图 5-62 所示。

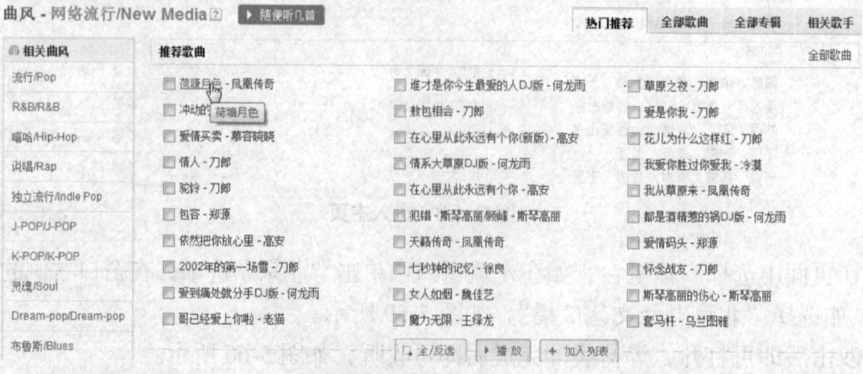

图 5-62　选择音乐

③ 单击"播放"按钮即可在打开的页面中播放选中的音乐，同时窗口右边会同步显示歌词，如图 5-63 所示。

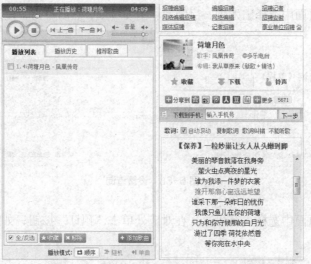

图 5-63　收听音乐

# 实验六　在线订阅

## 一、实验目的

学会通过互联网在线订阅火车票、酒店等。

## 二、实验内容

### 1．在线订火车票

用户可以通过互联网在线订阅火车票，具体操作步骤如下。

① 进入"中国铁路客户服务中心"登录界面，输入登录名、密码和验证码后单击"登录"按钮，如图 5-64 所示。

图 5-64　"登录"窗口

② 完成登录后在页面中单击"车票预订"，如图 5-65 所示。

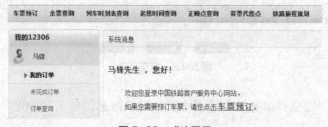

图 5-65　成功登录

③ 在打开的页面中选择出发地、目的地和出发日期，然后单击"查询"按钮，如图 5-66
所示。

图 5-66　设置查询

④ 在打开的页面中选择火车班次，在对应处单击"预订"按钮，如图 5-67 所示。

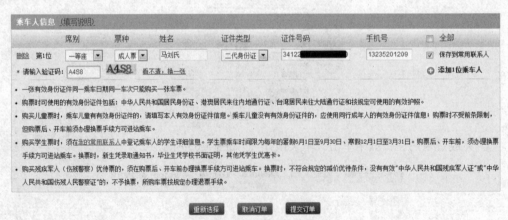

图 5-67　选择班次

⑤ 在打开的页面中填写个人信息并输入验证码，然后单击"提交订单"按钮，如图 5-68
所示。

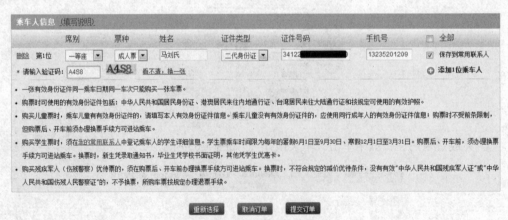

图 5-68　提交订单

⑥ 在弹出的"提交订单确认"页面中确认订单信息，单击"确定"按钮，如图 5-69
所示。

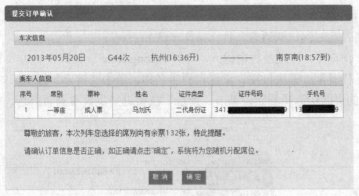

图 5-69　确认信息

⑦ 然后在打开的页面中单击"网上支付"按钮，如图 5-70 所示。

图 5-70　网上支付

⑧ 在打开的页面中选择用户拥有的网上银行，如图 5-71 所示。

图 5-71　选择网银

⑨ 进入支付操作页面，根据提示完成支付即可，如图 5-72 所示。

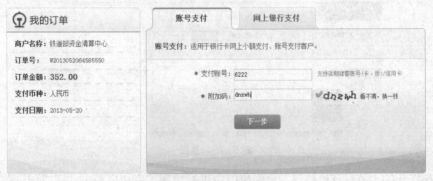

图 5-72　进入支付窗口

## 2．在线订酒店

用户可以通过互联网订阅酒店，具体操作步骤如下。

① 打开 IE 浏览器，在地址栏中输入"www.elong.com"，按回车键进入艺龙网主页，选择入住城市、入住日期、退房日期、位置和酒店名称，单击"搜索"按钮，如图 5-73 所示。

② 在打开的页面中选择酒店，单击"查看"按钮进一步查看酒店信息，如图 5-74 所示。

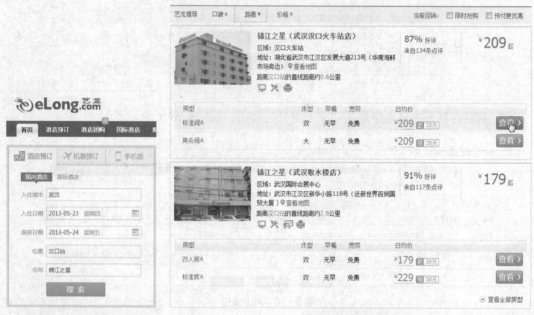

图 5-73 设置搜索选项　　　　　　　　　　图 5-74 查看信息

③ 选择好酒店后单击"预订"按钮，如图 5-75 所示。

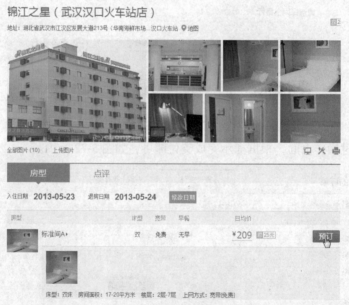

图 5-75 选择

④ 在打开的"填写订单信息"页面窗口中进行填写，完成后单击"完成预订"按钮，如

图 5-76 所示。

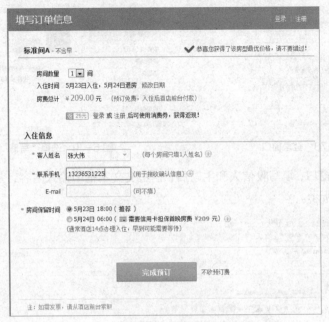

图 5-76　填写信息

⑤ 此时页面中会弹出"提交成功"提示，如图 5-77 所示。

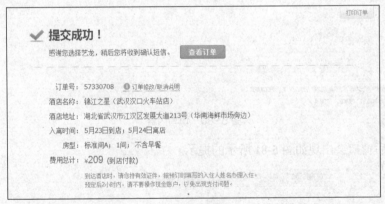

图 5-77　完成

# 实验七　电子邮件的应用

## 一、实验目的

掌握电子邮件的发送层操作。

## 二、实验内容

### 1．发送电子邮件

用户可以通过互联网发送电子邮件，具体操作步骤如下。

① 进入新浪邮箱登录窗口，输入用户名和密码，单击"登录"按钮，如图 5-78 所示。

② 进入邮箱主窗口，在左侧单击"写信"按钮，如图 5-79 所示。

图 5-78　登录窗口　　　　　　　　　图 5-79　选择"写信"选项

③ 进入写信窗口，填写收信人和主题后，在正文文本框中输入内容，完成后单击"发送"按钮，如图 5-80 所示。

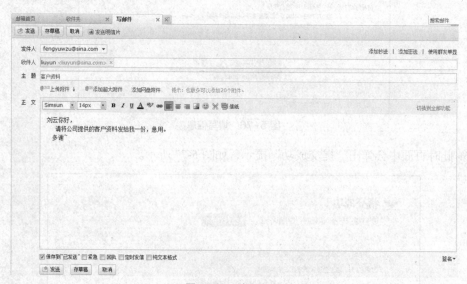

图 5-80　填写内容

④ 发送后窗口会出现如图 5-81 所示的提示。

图 5-81　发送成功

## 2．发送附件

用户可以通过电子邮件发送附件，具体操作步骤如下。

① 登录后进入邮箱主窗口，在左侧单击"写信"按钮，如图 5-82 所示。

图 5-82 单击"写信"按钮

② 在页面中输入收件人信息、主题和正文内容后，单击"上传附件"，如图 5-83 所示。

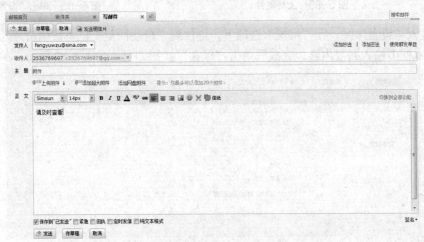

图 5-83 单击"上传"附件

③ 在打开的对话框中选择需要上传的文件，单击"保存"按钮，如图 5-84 所示。

图 5-84 选择附件

④ 此时正在上传附件，完成后单击"发送"按钮即可，如图 5-85 所示。

### 3．自动回复邮件

用户可以通过设置，当收到邮件时自动进行回复。具体操作步骤如下。

① 登录成功后，进入邮箱主窗口，在左侧单击"设置"选项，如图 5-86 所示。

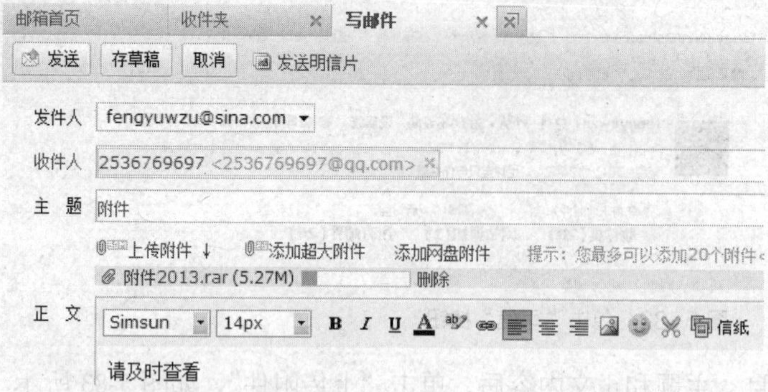

图 5-85 上传附件

图 5-86 单击"设置"选项

② 进入"设置"区，在"常规"选项下，定位到"自动回复"栏下，单击"开启"单选钮，在文本框中输入回复内容，完成后单击"保存"按钮即可，如图 5-87 所示。

图 5-87 进行设置

# 实验八 玩转微博

## 一、实验目的

了解如何通过微博寻找粉丝、发布微博。

## 二、实验内容

### 1．搜索粉丝进行关注

用户在登录微博后，可以搜索感兴趣的粉丝。具体操作步骤如下。

① 输入微博账户名和密码后成功登录微博，如图 5-88 所示。

图 5-88　进入微博主页

② 在"搜索微博、找人"文本框中输入粉丝的名称，在弹出的选项中进行选择，如图 5-89 所示。

③ 单击即可进入粉丝的微博页面，单击"关注"按钮，如图 5-90 所示。

图 5-89　查找用户　　　　　　　　　　　图 5-90　单击"关注"按钮

④ 打开"关注成功"对话框，根据需要对粉丝分组，勾选相应的复选框即可，如图 5-91 所示。

⑤ 完成后单击"保存"按钮即可。

### 2．发布微博

成功登录微博后，用户可以将发生的新鲜事发布到微博。具体操作步骤如下。

① 成功登录微博后，在微博输入框中输入需要发布的内容，单击"发布"按钮即可将微博发布出去，如图 5-92 所示。

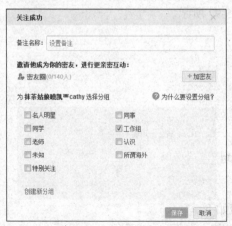

图 5-91　关注粉丝

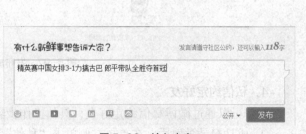

图 5-92　输入内容

② 此时在微博主页中即可看到发布的微博，如图 5-93 所示。

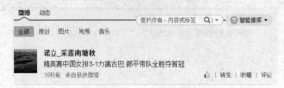

图 5-93　发布微博

### 3．插入魔法表情

用户可以在微博中发布魔法表情，具体操作步骤如下。

① 在微博输入框下单击"表情"按钮，如图 5-94 所示。

图 5-94　单击"表情"按钮

② 在打开的窗口中单击"魔法表情"选项卡，选择需要插入的表情，如图 5-95 所示。

③ 此时选中的魔法表情自动进入微博输入框中，单击"发布"按钮，如图 5-96 所示。

图 5-95　选择魔法表情

图 5-96　单击"发布"按钮

④ 此时选中的魔法表情就发布到微博中，如图 5-97 所示。

图 5-97　发布成功

### 4．私信约定好友

用户可以通过微博私信约定好友，具体操作步骤如下。

① 成功登录微博后，在首页右侧单击"私信"按钮，如图 5-98 所示。

**图 5-98 单击"私信"按钮**

② 在打开的页面中单击"发私信"按钮，如图 5-99 所示。

**图 5-99 单击"发私信"**

③ 在"发私信"窗口选择发送对象，输入发送内容，如图 5-100 所示。

**图 5-100 输入私信内容**

④ 单击"发送"按钮即可。

# 第 6 章
# 常用工具软件

## 实验一 驱动程序管理

### 一、实验目的

掌握使用"驱动精灵 2013"进行驱动备份、驱动还原等常见操作。

### 二、实验内容

#### 1．一键安装所需驱动

用户可以使用驱动精灵一键安装所需驱动，具体操作步骤如下。

① 双击驱动精灵 2013，打开驱动精灵 2013 主界面，单击"驱动程序"→"驱动微调"选项，在左侧窗口中勾选"显卡"复选框，然后在右侧即可看到驱动信息，勾选"驱动版本"复选框，如图 6-1 所示。

图 6-1 驱动微调

② 单击"一键安装所需驱动"按钮，系统会自动进行更新安装，如图 6-2 所示。

#### 2．设置备份路径

设置备份路径是将需要备份的程序备份到指定的文件夹中，具体操作步骤如下。

① 打开驱动精灵 2013 主界面，单击"驱动程序"→"驱动备份"选项，单击右下角的

"路径设置"按钮，如图 6-3 所示。

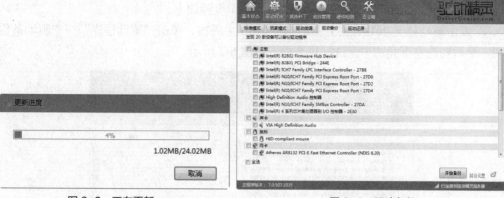

图 6-2　正在更新　　　　　　　　　　　图 6-3　驱动备份

② 打开"系统设置"对话框，在"驱动备份路径"栏下单击"选择目录"选项，如图 6-4 所示。

③ 打开"浏览文件夹"对话框，选择备份的位置，如将驱动程序备份在 F 盘符下的"2013 驱动备份"文件夹中，如图 6-5 所示。

图 6-4　设置备份路径

图 6-5　选择文件夹备份

④ 单击"确定"按钮，回到"系统设置"对话框中，此时可以在"驱动备份路径"栏下的文本框中看到设置的路径，如图 6-6 所示。

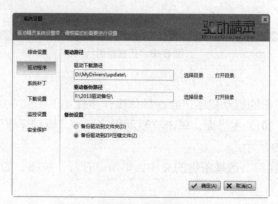

图 6-6　备份路径

⑤ 单击"确定"按钮，即可完成驱动路径设置。

### 3．驱动备份

用户可以将系统中的程序进行备份，具体操作步骤如下。

① 双击驱动精灵 2013，打开驱动精灵 2013 主界面，单击"驱动程序"→"驱动备份"选项，然后勾选左下角的"全选"复选框，如图 6-7 所示。

图 6-7　选中备份项

② 单击右下角的"开始备份"按钮即可，如图 6-8 所示。

图 6-8　正在备份

### 4．驱动还原

备份还原可以将备份的驱动程序还原，具体操作步骤如下。

① 打开驱动精灵 2013 主界面，单击"驱动程序"→"驱动还原"选项，然后单击窗口中的"文件"，如图 6-9 所示。

② 打开"打开"窗口，选择备份的文件，单击"打开"按钮，如图 6-10 所示。

图 6-9　驱动还原窗口

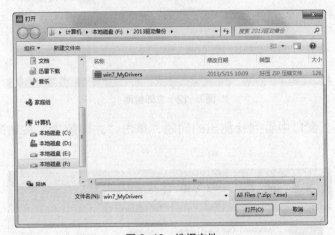

图 6-10　选择文件

③ 返回到"驱动还原"窗口，在左侧窗口中勾选"全选"复选框，单击"开始还原"按钮即可，如图 6-11 所示。

图 6-11　开始还原

### 5. 检测与修复系统补丁

（1）检测系统问题

通过驱动精灵可以检测计算机系统中的问题，具体操作步骤如下。

① 双击驱动精灵 2013，打开驱动精灵 2013 主界面，单击"立即检测"按钮，如图 6-12 所示。

图 6-12　立即检测

② 此时即可在窗口中看到检测出的问题，单击"立即解决"按钮即可，如图 6-13 所示。

图 6-13　立即解决

（2）修复补丁

通过驱动精灵可以快速修复系统中的问题，具体操作步骤如下。

① 打开驱动精灵 2013 主界面，单击"系统补丁"选项，然后勾选窗口左下角的"全选"复选框，单击"立即检测"按钮，如图 6-14 所示。

图 6-14　立即修复

② 单击"立即修复"按钮，系统会自动下载补丁进行修复，如图 6-15 所示。

图 6-15　正在修复

# 实验二　文件压缩与加密

## 一、实验目的

掌握 WinRAR 的操作，对文件进行压缩、解压或加密。

## 二、实验内容

### 1．压缩文件

使用 WinRAR 可以快速压缩文件，具体操作步骤如下。

① 双击 WinRAR，打开 WinRAR 主界面，选择需要压缩的文件，如选择"压缩文件-5"文件夹，单击"添加"按钮，如图 6-16 所示。

图 6-16 选择压缩文件

② 此时会打开"压缩文件名和参数"对话框，在"常规"选项下，单击"确定"按钮，如图 6-17 所示。

③ 此时即实现文件压缩，如图 6-18 所示。

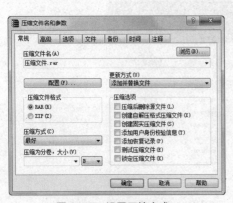

图 6-17 设置压缩方式

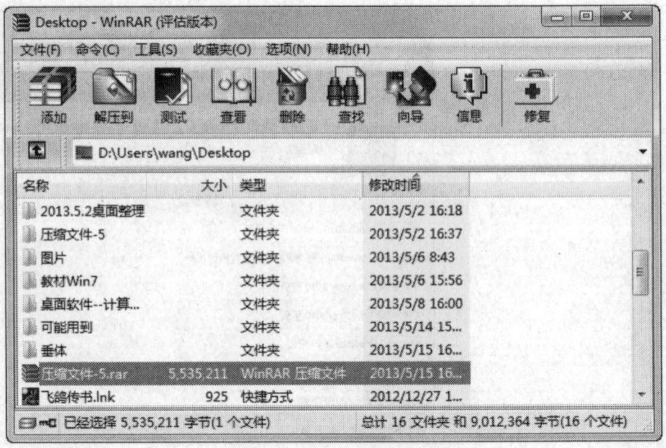

图 6-18 压缩完成

### 2. 为文件添加注释

用户可以根据需要为压缩文件添加注释，具体操作步骤如下。

① 在 WinRAR 主界面中，选中需要添加注释的压缩文件，单击"命令"→"添加压缩文件注释"选项，如图 6-19 所示。

② 打开"压缩文件 压缩文件-5"对话框，在"压缩文件注释"栏下的文本框中输入注释内容，如图 6-20 所示。

③ 单击"确定"按钮即可。

### 3. 测试解压缩文件

在需要解压文件之前，可以先测试一下收到的文件，以增强安全性。具体操作步骤如下。

① 在 WinRAR 主界面中，选中需要解压的文件，单击"测试"按钮，此时 WinRAR 会对文件夹进行检测，如图 6-21 所示。

② 测试完成后弹出如图 6-22 所示提示的窗口，单击"确定"按钮即可。

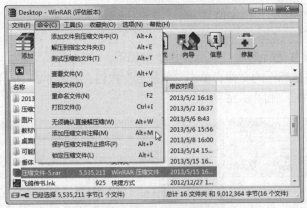

图 6-19　添加压缩文件注释

图 6-20　输入注释内容

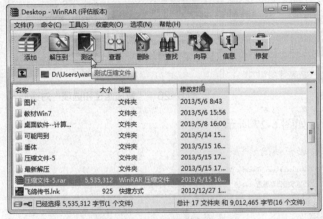

图 6-21　选择测试文件

图 6-22　测试完成

### 4．新建解压文件位置

对于压缩过的文件，用户可以根据需要将其解压到新建的文文件夹中。具体操作步骤如下。

① 在 WinRAR 主界面中，选中需要解压的文件，单击"解压到"按钮，如图 6-23 所示。

② 打开"解压路径和选项"对话框，选择解压位置，单击"新建文件夹"按钮，然后输入文件夹名称，如图 6-24 所示。

图 6-23　选择解压文件

图 6-24　新建文件夹

③ 单击"确定"按钮，即可将文件压缩到指定位置。

**5．解压文件**

设置好解压位置后，用户可以对文件进行解压。具体操作步骤如下。

① 在 WinRAR 主界面中，选中需要解压的文件，单击"解压到"按钮，如图 6-25 所示。

② 打开"解压路径和选项"对话框，如图 6-26 所示。

图 6-25　选中解压文件

图 6-26　"解压路径和选项"对话框

③ 单击"确定"按钮开始解压，如图 6-27 所示。

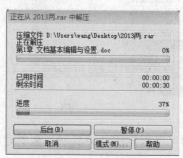

图 6-27　正在解压

④ 解压完成后如图 6-28 所示。

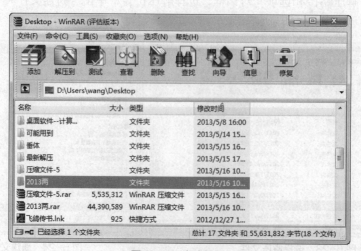

图 6-28　完成解压

### 6．设置默认密码

在对文件进行压缩或解压缩时，为了增强安全性，可以设置默认密码。具体操作步骤如下。

① 在 WinRAR 主界面中，单击"文件"→"设置默认密码"选项，如图 6-29 所示。

② 打开"输入密码"对话框，在"设置默认密码"栏下输入密码并确认密码，勾选"加密文件名"复选框，如图 6-30 所示。

③ 单击"确定"按钮即可。

图 6-29　菜单命令

图 6-30　输入密码

### 7．清除临时文件

用户可以通过设置，在压缩文件时可以清除临时文件。具体操作步骤如下。

① 在 WinRAR 主界面中，单击"选项"→"设置"选项，如图 6-31 所示。

② 打开"设置"对话框，切换到"安全"选项下，在"清除临时文件"栏下选中"总是"单选钮，如图 6-32 所示。

图 6-31　菜单命令

图 6-32　设置对话框

# 实验三　计算机查毒与杀毒

## 一、实验目的

掌握 360 杀毒软件，使用 360 杀毒软件查杀计算机病毒。

## 二、实验内容

### 1．快速扫描

使用 360 杀毒软件快速对计算机进行扫描，具体操作步骤如下。

① 双击"360 杀毒"，打开 360 杀毒主界面，单击"快速扫描"按钮，如图 6-33 所示。

图 6-33　快速扫描

② 此时 360 杀毒将对计算机进行快速扫描，完成后窗口会显示扫描结果，如图 6-34 所示。

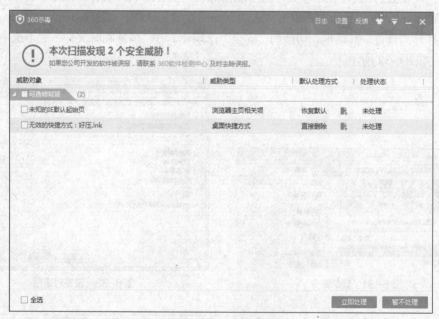

图 6-34　扫描结果

### 2．处理扫描结果

快速扫描完成后，可以立即处理扫描发现的安全威胁。具体操作步骤如下。

① 在扫描完成的窗口中，勾选窗口左下角的"全选"复选框，单击"立即处理"按钮，

如图 6-35 所示。

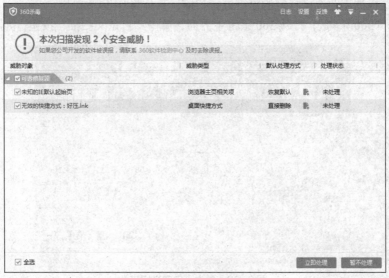

图 6-35　立即处理

② 此时窗口中会弹出处理结果，单击"确认"按钮，如图 6-36 所示。

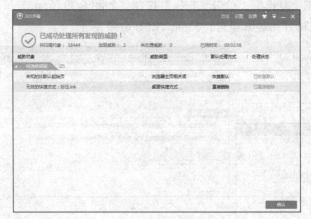

图 6-36　处理后

③ 此时窗口中会出现如图 6-37 所示的提示。

图 6-37　提示窗口

### 3. 自定义扫描

用户可以根据需要选择特定的盘符进行扫描，具体操作步骤如下。

① 双击"360 杀毒"，打开 360 杀毒主界面，单击"自定义扫描"按钮，如图 6-38 所示。

图 6-38　单击"自定义扫描"

② 打开"选择扫描目录"对话框，在"请勾选上您要扫描的目录或文件"栏下进行选择，如勾选"本地磁盘 E"复选框，单击"扫描"按钮，如图 6-39 所示。

③ 此时 360 杀毒开始对 E 盘进行扫描，如图 6-40 所示。

图 6-39　勾选"本地磁盘 E"　　　　　　图 6-40　对 E 盘进行扫描

### 4. 宏病毒查杀

用户可以根据需要使用宏病毒查杀，具体操作步骤如下。

① 双击"360 杀毒"，打开 360 杀毒主界面，在窗口下侧单击"宏病毒查杀"按钮，如图 6-41 所示。

② 此时会弹出如图 6-42 所示的提示对话框。

③ 单击"确定"按钮开始扫描宏病毒，完成后扫描结果显示在窗口中，单击"立即处理"按钮，如图 6-43 所示。

图 6-41　宏病毒查杀

图 6-42　提示对话框

图 6-43　扫描结果

④ 处理后窗口中显示处理结果，如图 6-44 所示。

图 6-44　处理扫描后

### 5．杀毒设置

（1）定时查杀病毒

用户可以对 360 杀毒进行设置，让软件定时杀毒。具体操作步骤如下。

① 打开 360 杀毒主界面，在窗口中单击"设置"选项，如图 6-45 所示。

② 打开"360 杀毒-设置"对话框，在左侧窗口中单击"常规选项"选项，然后在右侧窗口中的"定时杀毒"栏下勾选"启用定时杀毒"复选框，然后单击"每周"单选钮，设置定时杀毒时间，如图 6-46 所示。

图 6-45　打开设置

图 6-46　"360 杀毒—设置"对话框

③ 单击"确定"按钮完成设置。

（2）自动处理发现的病毒

用户可以对 360 杀毒进行设置，让软件自动杀毒。具体操作步骤如下。

① 打开 360 杀毒主界面，在窗口上方单击"设置"选项，如图 6-47 所示。

② 打开"360 杀毒-设置"对话框，在左侧窗口中单击"病毒扫描设置"选项，然后在右侧窗口中的"发现病毒时的处理方式"栏下勾选"由 360 杀毒自动处理"复选框，如图 6-48 所示。

③ 单击"确定"按钮完成设置。

图 6-47　打开设置

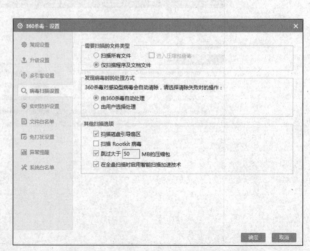

图 6-48　设置"由 360 杀毒自动处理"

# 实验四 中英文翻译

## 一、实验目的

掌握金山词霸的操作，使用金山词霸进行中英文翻译。

## 二、实验内容

### 1. 将古诗文翻译成英文

使用金山词霸可以将古诗文翻译成英文，具体操作步骤如下。

① 双击金山词霸，进入金山词霸主界面，单击"翻译"选项，如图 6-49 所示。

图 6-49 单击"翻译"选项

② 在文本框中输入需要翻译的古诗文，如输入"洛阳亲友如相问，一片冰心在玉壶"，如图 6-50 所示。

图 6-50 输入翻译内容

③ 单击文本框中的下拉按钮，在弹出的下拉列表中选择"中文→英文"选项，如图 6-51 所示。

④ 单击"翻译"按钮即可将古诗文翻译成英文，如图 6-52 所示。

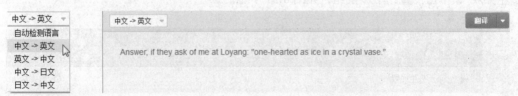

图 6-51 设置翻译语言          图 6-52 翻译结果

### 2. 将英文翻译成中文

使用金山词霸可以将英文翻译成中文，具体操作步骤如下。

① 双击金山词霸，进入金山词霸主界面，单击"翻译"选项，如图 6-53 所示。

图 6-53　单击"翻译"选项

② 在文本框中输入需要翻译成中文的英文内容，如图 6-54 所示。

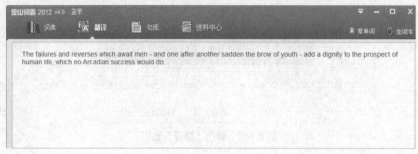

图 6-54　输入内容

③ 单击文本框中的下拉按钮，在弹出的下拉列表中选择"英文→中文"选项，如图 6-55 所示。

④ 单击"翻译"按钮即可将英文翻译成中文，如图 6-56 所示。

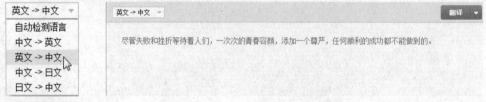

图 6-55　设置翻译语言　　　　　　　　　　　　　　图 6-56　翻译结果

### 3．快速查询

用户可以使用金山词霸快速查询，具体操作步骤如下。

① 双击金山词霸，进入金山词霸主界面，在文本框中输入需要查询的内容，如输入"人生如戏"，单击"查一下"按钮，如图 6-57 所示。

图 6-57　输入查找内容

② 此时窗口中会出现查询结果，如图 6-58 所示。

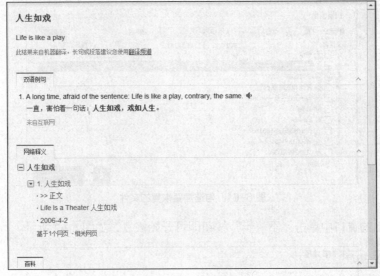

图 6-58 查找结果

# 实验五 数据恢复

## 一、实验目的

掌握 EasyRecovery 的操作，恢复误删除或误格式化的文件。

## 二、实验内容

### 1．恢复误删除的文件

用户可以使用 EasyRecovery 软件恢复误删除的文件，具体操作步骤如下。

① 双击 EasyRecovery，启动 EasyRecovery 软件，在主窗口中单击"误删除文件"选项，如图 6-59 所示。

② 在打开的窗口中选择需要恢复的文件，如选择恢复 F 盘中的文件，单击"下一步"按钮，如图 6-60 所示。

图 6-59 选择恢复选项　　　　　　　　　　　　图 6-60 选择磁盘

③ 此时开始对 F 盘进行扫描，扫描结束后选择需要恢复的文件，勾选文件夹前面的复选框，单击"下一步"按钮，如图 6-61 所示。

图 6-61　勾选需要恢复的文件

④ 在弹出的窗口中单击"下一步"按钮即可开始恢复，如图 6-62 所示。

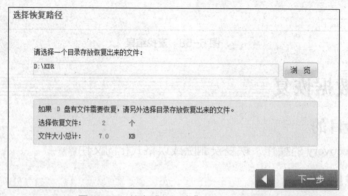

图 6-62　单击"下一步"按钮开始恢复

## 2．恢复误清空的回收站

用户可以使用 EasyRecovery 软件将回收站中误清空的文件恢复，具体操作步骤如下。

① 双击 EasyRecovery，启动 EasyRecovery 软件，在主窗口中单击"误清空回收站"选项，如图 6-63 所示。

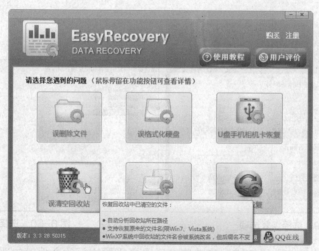

图 6-63　选择恢复选项

② 此时软件开始对系统进行扫描，查找已经删除的文件，如图 6-64 所示。

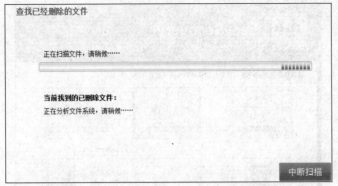

图 6-64　正在扫描

③ 扫描完成后扫描结果显示在窗口中，勾选需要恢复的文件前面的复选框，单击"下一步"按钮，如图 6-65 所示。

图 6-65　选择恢复文件

④ 在弹出的窗口中单击"下一步"按钮即可开始恢复，如图 6-66 所示。

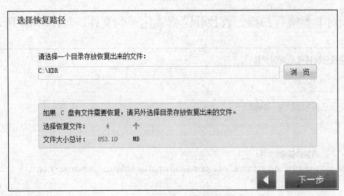

图 6-66　单击"下一步"按钮开始恢复

### 3．恢复误格式化硬盘

用户可以使用 EasyRecovery 软件对误格式化的硬盘进行恢复，具体操作步骤如下。

① 双击 EasyRecovery，启动 EasyRecovery 软件，在主窗口中单击"误格式化硬盘"选项，如图 6-67 所示。

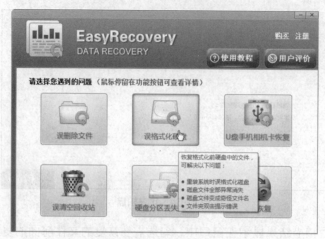

图 6-67　选择恢复选项

② 在打开的窗口中选择要恢复的分区，如选择 F 盘，如图 6-68 所示。

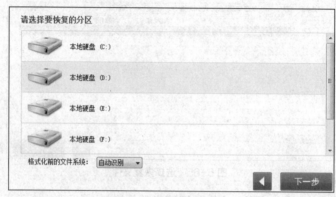

图 6-68　选择恢复分区

③ 此时开始对 F 盘进行扫描，查找分区格式化前的文件，如图 6-69 所示。

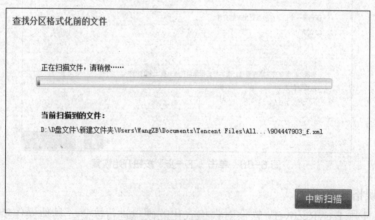

图 6-69　正在扫描

④ 扫描完成后，选择需要恢复的文件，勾选文件夹前的复选框，单击"下一步"按钮，如图 6-70 所示。

图 6-70　选择恢复文件

⑤ 扫描完成后,在弹出的窗口中单击"下一步"按钮即可开始恢复,如图 6-71 所示。

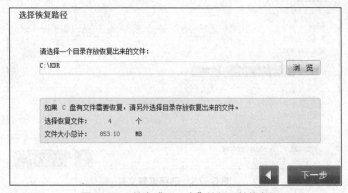

图 6-71　单击"下一步"按钮开始恢复

### 4.万能恢复

用户可以使用 EasyRecovery 进行万能恢复操作,具体操作步骤如下。

① 双击 EasyRecovery,启动 EasyRecovery 软件,在 Easy Recovery 主界面中单击"万能恢复"选项,如图 6-72 所示。

图 6-72　选择恢复选项

② 在打开的窗口中,在"请选择要恢复的分区或者物理设备"栏下进行选择,如选择"我的电脑"中的"凌波微步",如图 6-73 所示。

③ 单击"下一步"按钮开始扫描,如图 6-74 所示。

④ 扫描结束后,选择需要恢复的文件,单击"下一步"按钮,如图 6-75 所示。

⑤ 在打开的页面中选择恢复路径,然后单击"下一步"按钮即可,如图 6-76 所示。

图 6-73　选择恢复的设备

图 6-74　正在扫描

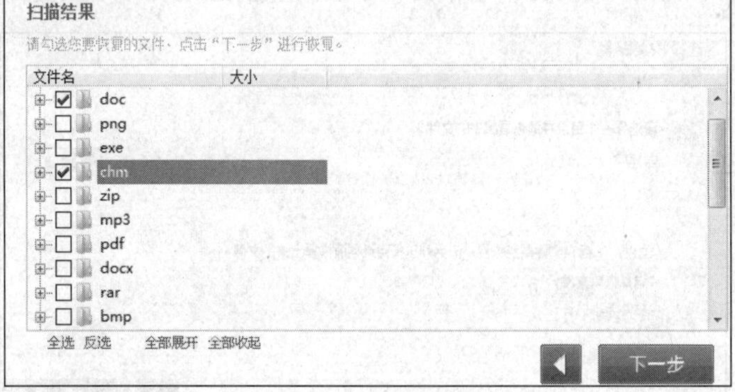

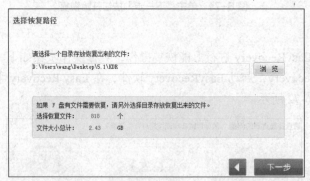

图 6-75　选择恢复文件

图 6-76　单击"下一步"按钮开始恢复

# 参 考 文 献

［1］赖利君，Office 2010 办公软件案例教程. 北京：人民邮电出版社，2014.

［2］饶兴明，计算机应用基础实验指导. 北京：北京邮电大学出版社，2013.

［3］陈桂林，计算机应用基础. 北京：北京师范大学出版集团，2014.

［4］赵正红，大学计算机基础上机指导. 北京：人民邮电出版社，2013.